技工院校一体化课程教学改革机床切削加工专业教材

数控铣床操作与零件加工

人力资源和社会保障部教材办公室组织编写

中国劳动社会保障出版社

内容简介

本书主要内容包括单线体文字的加工、凸台的加工、凹槽的加工、端盖的加工、凸轮槽的加工5个学习任务。

图书在版编目(CIP)数据

数控铣床操作与零件加工/人力资源和社会保障部教材办公室组织编写. —北京：中国劳动社会保障出版社，2013

技工院校一体化课程教学改革机床切削加工专业教材

ISBN 978-7-5167-0516-2

Ⅰ.①数… Ⅱ.①人… Ⅲ.①数控机床-铣床-操作-技工学校-教材②数控机床-铣床-零部件-加工-技工学校-教材 Ⅳ.①TG547

中国版本图书馆CIP数据核字(2013)第181315号

中国劳动社会保障出版社出版发行

（北京市惠新东街1号 邮政编码：100029）

出版人：张梦欣

*

北京市艺辉印刷有限公司印刷装订 新华书店经销

787毫米×1092毫米 16开本 11.5印张 200千字

2013年8月第1版 2025年12月第7次印刷

定价：23.00元

营销中心电话：400-606-6496

出版社网址：http://www.class.com.cn

http://jg.class.com.cn

技工院校一体化课程教学改革教材编委会名单

编审委员会

主　任：王晓初

副主任：吴道槐　张　斌　张梦欣　金　龄　张亚男　王晓君

委　员：冯　政　田　丰　翟　涛　万　象　何绪军　刘　春　王雪宁
蔡　兵　陈　蕾　蒋燕辰　刘素华

编审人员

主　编：崔兆华

副主编：王增杰

参　编：张　丰　蓝韶辉　王　岩　张　鑫　王　波　冯迎超

主　审：洪惠良

顾　问：朱永亮　张利芳　张晓梅

序

人才是我国经济社会发展的第一资源，技能人才是人才队伍的重要组成部分。党中央、国务院高度重视技能人才队伍建设工作，2009 年 12 月，胡锦涛总书记在视察珠海市高级技工学校时指出：“没有一流的技工，就没有一流的产品”、“技能型人才在推进自主创新方面具有不可替代的重要作用”。技工院校是系统培养技能人才的重要基地。多年来，技工院校始终紧紧围绕国家经济发展和劳动者就业，以满足经济发展和企业对技术工人的需求为办学宗旨，形成了鲜明的办学特色，为国家培养了大批生产一线技能劳动者和后备高技能人才。

当前，我国处于全面建设小康社会的关键时期，随着加快转变经济发展方式、推进经济结构调整以及大力发展高端制造产业等新兴战略性产业，迫切需要加快培养一大批具有精湛技能和高超技艺的技能人才。为了遵循技能人才成长规律，切实提高培养质量，进一步发挥技工院校在技能人才培养中的基础作用，从 2009 年开始，我部借鉴国内外职业教育先进经验，在全国 17 个省（区、市）的 30 所技工院校启动了一体化课程教学改革试点工作，推进以职业活动为导向，以校企合作为基础，以综合职业能力培养为核心，理论教学与技能操作融合贯通的一体化课程教学改革。这项改革试点将传统的以学历为基础的职业教育转变为以职业技能为基础的职业能力教育，促进了职业教育从知识教育向能力培养转变，努力实现“教、学、做”融为一体，收到了积极成效。改革试点得到了学校师生的充分认可，普遍反映一体化课程教学改革是技工院校一次“教学革命”，学生的学习热情、教学组织形式、教学手段和学生的综合素质都发生了根本性变化。试点的成果表明，一体化课程教学改革是转变技能人才培养模式的重要抓手，是推动技工院校改革发展的重要举措，也是人力资源社会保障部门加强技工教育和在职业培训工作的一个重点项目。

教学改革的成果最终要以教材为载体进行体现和传播。根据我部推进一体化课程教学改革的要求，一体化课程改革专家、几百位试点院校的骨干教师以及中国人力资源和社会保障出版集团的编辑团队，用了三年多的时间，组织实施了一体化课程教学改革试点，并将试点中形成的课程成果进行了整理、提炼，汇编成“活页”教材。这套教材不仅在形式上打破了传统教材的编写模式，而且在内容上突破了传统教材的结构体例，在国内职业教育培训教材领域中均属首创。这套教材及配套资料的出版，不仅是本次一体化课程教学改革试点工作的阶段性总结，也是一体化课程教学改革不断深化和全面推广的一个起点。希望全国技工院校将一体化课程教学改革作为创新人才培养模式、提高人才培养质量的重要抓手，进一步推动教学改革，促进内涵发展，提升办学质量，为加快培养合格的技能人才作出新的更大贡献！

人力资源和社会保障部副部长

王晓初

二〇一二年八月

活页式教材使用说明

◆ 页码编排方式

为了更加方便地在教材中增删和替换内容，页码采用“学习任务编号－学习活动编号－页码号”三级编排形式，如“3–2–4”表示“学习任务三”的“学习活动2”的第4页。

◆ 过程评价表使用方法

教材中设计了“自评表”、“互评表”、“教师总评表”、“综合评价表”等评价表格，表头上有“班级”、“姓名”、“学号”等信息栏，从活页教材中取出评价表填写后可以单独提交。

◆ 教材内容更新方法

中国人力资源和社会保障出版集团将根据一体化课程教学改革的推进以及科学技术的发展和不同地域的需要，不断补充和更新教材中的学习任务和学习活动，学校可以从“技工院校一体化教学资源网（http：//yth.cott.org.cn）”下载（需在网站注册）。通过网站还可以了解到更多的一体化课程教学改革信息和下载相关资源。

◆ 便携式活页夹和PVC保护板使用方法

使用教材中附赠的便携式活页夹，可以灵活方便地将教材中部分内容携带至一体化教学场地。教材内附的整张PVC保护板可以作为学习记录垫板使用。

◆ 参考用书选用方法

在学习过程中，学生需要查阅大量参考资料，下表为中国人力资源和社会保障出版集团出版的适宜本专业一体化教学使用的参考书目录。

机床切削加工 / 数控加工专业一体化教学参考书目录（中级阶段）

序号	书号	书名
1	978-7-5045-9709-0	机械制图（少学时）（双色印刷）
2	978-7-5045-9690-1	机械基础（少学时）（双色印刷）
3	978-7-5045-9677-2	金属材料与热处理（少学时）（双色印刷）
4	978-7-5045-9717-5	极限配合与技术测量基础（少学时）（双色印刷）
5	978-7-5045-9689-5	机械制造工艺基础（少学时）（双色印刷）
6	978-7-5045-9713-7	工程力学（少学时）（双色印刷）
7	978-7-5045-9668-0	电工学（少学时）（双色印刷）
8	978-7-5045-8689-6	车工工艺与技能　学生用书Ⅱ　基础知识
9	978-7-5045-9159-3	铣工工艺与技能　学生用书Ⅱ　基础知识
10	978-7-5045-9128-9	数控加工工艺学（第三版）
11	978-7-5045-9097-8	数控机床编程与操作（第三版　数控车床分册）
12	978-7-5045-9112-8	数控机床编程与操作（第三版　数控铣床　加工中心分册）

目　录

学习任务一　单线体文字的加工

学习目标

1. 能正确识读单线体文字图样。
2. 能分析单线体文字的加工工艺，并正确填写数控加工工艺卡。
3. 能正确编制单线体文字加工程序。
4. 能熟练应用数控仿真软件完成单线体文字的模拟加工。
5. 能正确规范地装夹工件和数控铣刀，并正确进行数控铣刀的对刀。
6. 能根据加工要求，正确操作数控铣床，完成单线体文字的加工。
7. 能按产品工艺流程和车间要求，进行产品交接并规范填写交接班记录。
8. 能严格按照车间管理规定，正确规范地保养数控铣床。
9. 能完成单线体文字的检测，并根据检测结果分析误差产生的原因。
10. 能主动获取有效信息，展示工作成果，对学习与工作进行反思总结，并能与他人开展良好合作，进行有效的沟通。

建议学时

60 学时

工作情境描述

某公司因举办展示会活动，需要制作铝制“中国”“CHINA”的单线体文字刻章，数量为 10 件，来料加工，毛坯尺寸为 50 mm × 40 mm × 22 mm，除上表面外，其他外表面已加工，交货期为 10 天。生产主管部门将该生产任务交予我们数控铣工组完成。

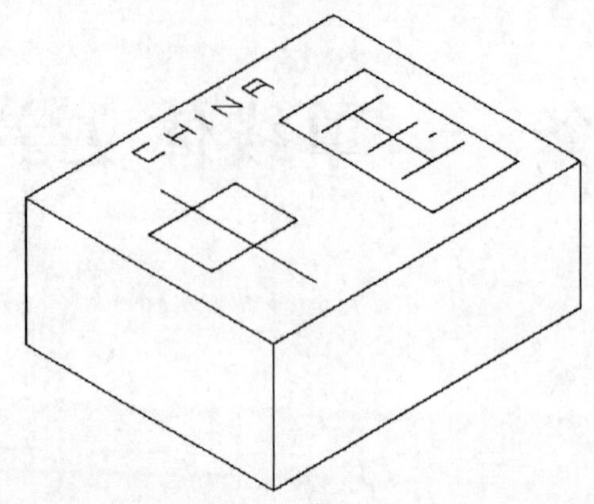

工作流程与活动

1. 图样分析与工艺准备
2. 数控铣床的基本操作
3. 程序编制与模拟加工
4. 单线体文字的加工与检测
5. 工作总结与评价

学习活动1　图样分析与工艺准备

学习目标

1. 能正确阅读生产任务单，明确加工任务，并能合理地制定工作进度计划。

2. 能正确识读单线体文字图样。

3. 能正确分析单线体文字加工工艺。

4. 能正确选择单线体文字加工用刀具。

5. 能根据所用刀具材料及加工对象，查阅相关资料，确定切削用量。

6. 能正确填写单线体文字数控加工工艺卡。

建议学时　6学时

学习过程

一、阅读生产任务单

生产任务单

需方单位名称				完成日期	年　月　日
序号	产品名称	材料	数量	技术标准、质量要求	
1	单线体文字	Al	10件	按图样要求	
2					
3					

续表

<table>
<tr><th>序号</th><th>产品名称</th><th>材料</th><th>数量</th><th colspan="3">技术标准、质量要求</th></tr>
<tr><td>4</td><td></td><td></td><td></td><td colspan="3"></td></tr>
<tr><td colspan="2">生产批准时间</td><td>年 月 日</td><td>批准人</td><td></td><td></td><td></td></tr>
<tr><td colspan="2">通知任务时间</td><td>年 月 日</td><td>发单人</td><td></td><td></td><td></td></tr>
<tr><td colspan="2">接单时间</td><td>年 月 日</td><td>接单人</td><td></td><td>生产班组</td><td>数控铣工组</td></tr>
</table>

1. 本任务要加工零件的材料是什么？该种材料有何性质和用途？

2. 本生产任务工期为 10 天，请依据任务要求，制订合理的工作进度计划，并根据小组成员的特点进行分工。

序号	工作内容	时间	成员	负责人
1	图样分析与工艺准备			
2	程序编制			
3	模拟加工			
4	加工			
5	成品检测与质量分析			

二、图样分析

单线体文字零件图样如下图所示。

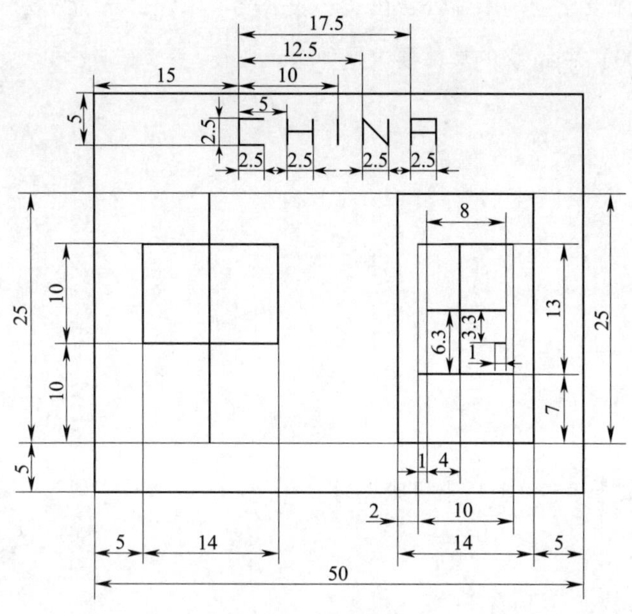

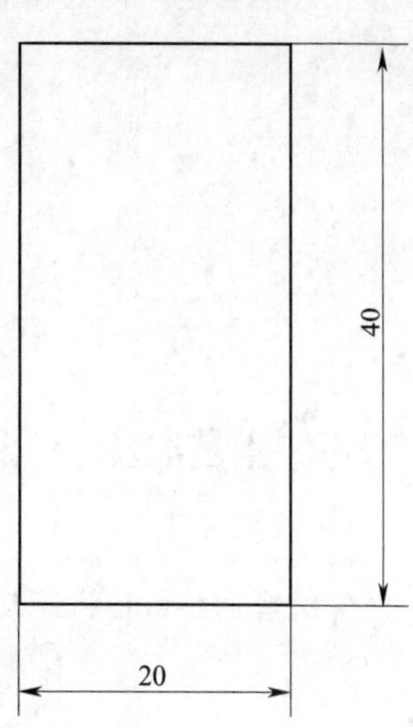

技术要求

1. 单线体线宽0.5mm，刻字深度0.2mm。
2. 零件加工表面上不应有划痕、擦伤等损伤零件表面的缺陷。
3. 未注长度尺寸允许偏差应符合GB/T 1804—2000的m级要求。
4. 去除毛刺飞边。

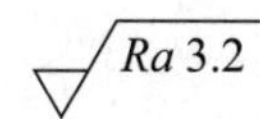

单线体文字零件图样

1. 单线体文字零件图样中英文字母“CHINA”的字宽、字高、字间距和线宽各是多少？它在图样中的位置由哪些尺寸确定？

2. 单线体文字零件图样中中文“中国”的字宽、字高、字间距和线宽分别是多少？它在图样中的位置由哪些尺寸确定？

3. 查阅国家标准，回答图样技术要求中的未注公差在《一般公差　未注公差的线性和角度尺寸的公差》（GB/T 1804—2000）中 m 级的具体要求是什么。

三、工艺准备

1. 选择设备

你选择何种数控铣床加工单线体文字零件？写出机床型号。

2. 确定定位基准和装夹方式

（1）加工单线体文字零件，应选择____________和____________作为定位基准。

（2）加工单线体文字零件应选用何种装夹方式？为什么？

3. 确定单线体文字零件的加工顺序

（1）确定单线体文字零件的加工顺序应考虑哪些问题？加工时应遵循什么原则？

（2）确定单线体文字零件加工顺序。

4. 选择刀具

从下图中选择适合加工单线体文字零件的刀具，并填入刀具卡中。

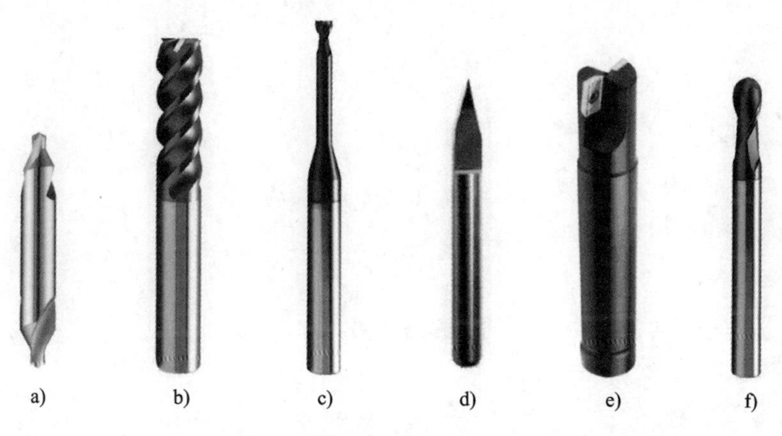

数控铣削加工刀具

刀具卡

工步	加工内容	刀具	
		刀具类型	刀具直径（mm）

5. 确定加工路线

（1）确定单线体文字零件加工路线应注意哪些问题？

（2）设计并绘制英文字母“CHINA”的加工路线图。

（3）设计并绘制中文“中国”的加工路线图。

6. 确定切削用量

（1）确定单线体文字刻字切削用量应考虑哪些问题？

（2）确定切削用量

单线体文字零件刻字深度为 0. 2 mm，加工时，Z 向选择背吃刀量为 0. 2 mm，一次加工到深度。若切削速度 v_c 取 20 m/min，n = ____________________。

7. 填写数控加工工艺卡

数控加工工艺卡

<table>
<tr><td rowspan="2">单位名称</td><td colspan="2" rowspan="2"></td><td>产品名称</td><td colspan="2">零件名称</td><td colspan="2">零件图号</td></tr>
<tr><td></td><td colspan="2"></td><td colspan="2"></td></tr>
<tr><td>工序</td><td colspan="2">程序编号</td><td>夹具名称</td><td colspan="2">使用设备</td><td colspan="2">车间</td></tr>
<tr><td></td><td colspan="2"></td><td></td><td colspan="2"></td><td colspan="2"></td></tr>
<tr><td>工步</td><td colspan="2">工步内容</td><td>刀具规格
（mm）</td><td>主轴转速
（r/min）</td><td>进给速度
（mm/min）</td><td>背吃刀量
（mm）</td><td>备注</td></tr>
<tr><td></td><td colspan="2"></td><td></td><td></td><td></td><td></td><td></td></tr>
<tr><td></td><td colspan="2"></td><td></td><td></td><td></td><td></td><td></td></tr>
<tr><td></td><td colspan="2"></td><td></td><td></td><td></td><td></td><td></td></tr>
<tr><td></td><td colspan="2"></td><td></td><td></td><td></td><td></td><td></td></tr>
<tr><td></td><td colspan="2"></td><td></td><td></td><td></td><td></td><td></td></tr>
<tr><td></td><td colspan="2"></td><td></td><td></td><td></td><td></td><td></td></tr>
<tr><td></td><td colspan="2"></td><td></td><td></td><td></td><td></td><td></td></tr>
<tr><td></td><td colspan="2"></td><td></td><td></td><td></td><td></td><td></td></tr>
<tr><td>编制</td><td></td><td>审核</td><td></td><td>批准</td><td></td><td>共　页</td><td>第　页</td></tr>
</table>

学习活动2 数控铣床的基本操作

学习目标

1. 能叙述数控铣床的组成、结构、功能，指出各部件的名称和作用。

2. 能应用笛卡儿直角坐标系判别数控铣床的各控制轴及方向。

3. 能叙述工件坐标系与机床坐标系的关系，并能正确建立工件坐标系。

4. 能查阅机床使用手册，明确机床功率、扭矩、精度等技术参数。

5. 能叙述数控铣床系统面板和控制面板各按钮的作用。

6. 能按数控铣床的安全操作规程正确操作数控铣床。

7. 能正确装夹工件，并对其进行找正。

8. 能正确规范地装夹数控铣刀。

9. 能正确进行数控铣刀的对刀。

10. 能叙述数控铣床日常维护保养方法和内容。

建议学时 18学时

学习过程

一、熟悉数控铣床

1. 查阅下图所示数控铣床各主要组成部分的名称和作用，并填写在下表中。

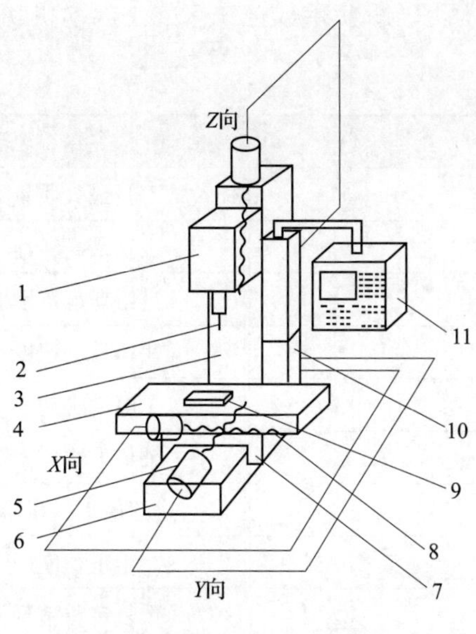

数控铣床结构示意图

数控铣床各组成部分的名称和作用

序号	名称	作用
1		
2		
3		
4		
5		
6		
7		
8		
9		
10		
11		

2. 查阅机床使用手册，明确所使用数控铣床的主电动机功率、扭矩、精度等技术参数，填入下表。

名称	参数	名称	参数
工作台面积（长×宽）		刀具最大质量	
工作台左右行程（X向）		主轴最高转速	
工作台前后行程（Y向）		进给速度范围	
主轴上下行程（Z向）		快速移动速度	
工作台最大承重		主电动机功率	
主轴锥孔		主轴最大输出扭矩	
刀具最大尺寸		进给电动机扭矩	
主轴端面至工作台面距离		定位精度	
分辨率（脉冲当量）		重复定位精度	

3. 机床坐标系与工件坐标系

（1）为了确定机床的运动方向和移动距离，要在机床上建立一个坐标系，即机床坐标系。在编制程序时，就可以该坐标系来规定刀具的运动方向和距离。数控机床坐标系采用符合右手定则规定的笛卡儿直角坐标系，指出下图所示三根手指对应轴的方向分别是什么。

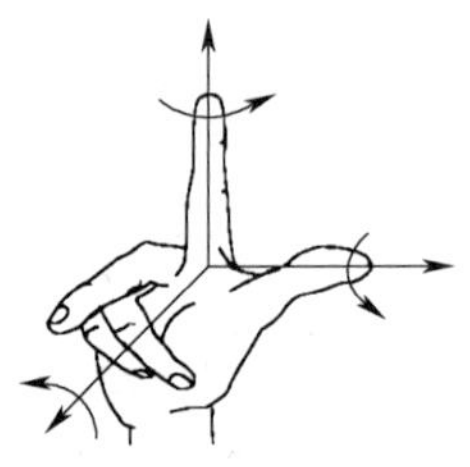

笛卡儿直角坐标系

1）大拇指指向：

2）食指指向：

3）中指指向：

（2）根据数控机床坐标系命名原则，绘制下图所示数控铣床的机床坐标系，并标出 Z 轴与 X 轴、Y 轴的正方向。

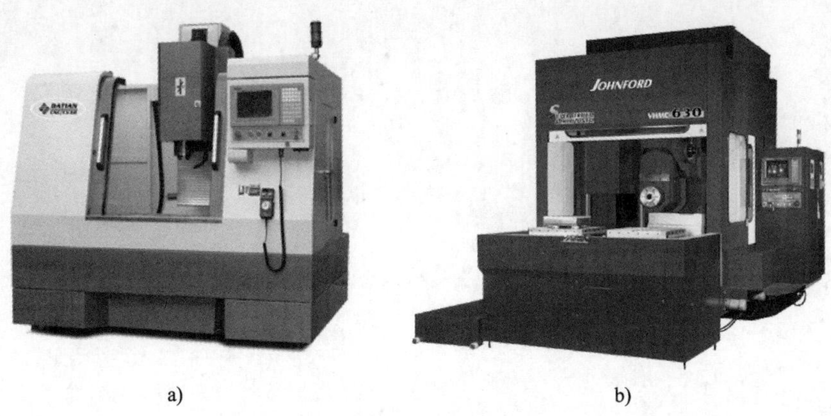

a)　　b)

数控铣床

a）立式数控铣床　b）卧式数控铣床

（3）数控机床原点及参考点

1）机床原点是如何定义的?

2）机床参考点是如何定义的?

3）装有增量位置编码器的数控铣床开机时，为什么必须回机床参考点?

(4) 工件坐标系

1) 工件坐标系与机床坐标系有何区别和联系?

2) 建立工件坐标系的目的是什么? 不建立工件坐标系会出现什么后果?

3) 在下图中绘制单线体文字零件的工件坐标系。

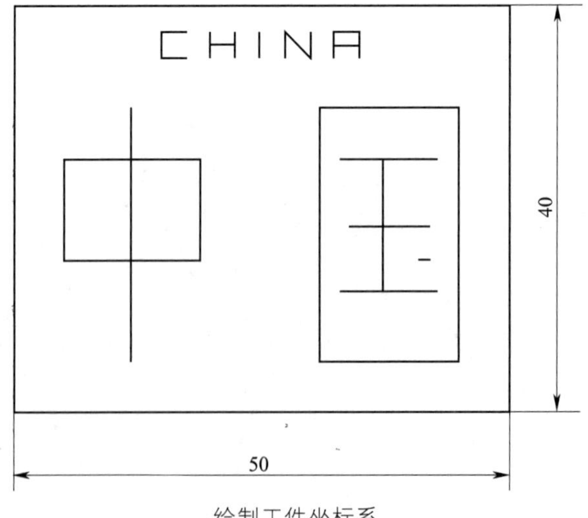

绘制工件坐标系

二、熟悉机床面板操作

FANUC 0i－M 数控铣床的 MDI 单元及控制面板如下图所示。根据所学知识，熟悉数控铣床面板操作。

FANUC 0i－M 数控铣床面板

1．熟悉系统面板

（1）按____________键，屏幕将切换到位置显示界面，系统提供了绝对、相对和综合三种位置显示方式。

（2）数控程序显示与编辑页面键为__________键。

（3）参数输入页面键为________________键，系统参数页面键为__________键，信息页面键为____________键，图形参数设置页面键为________键。

（4）在键盘上，有些键具有两个功能。按________键，可以在这两个功能之间进行切换。

（5）按________键，可删除已输入到输入区里的最后一个字符。

（6）当按下一个字母键或数字键时，按________键，可把输入区中的数据插入到当前光标之后的位置。

（7）字符替换键为__________键，字符插入键为__________键，字符删除键为__________键。

（8）按__________键，可使 CNC 系统复位，用于清除报警等。按________键，结束程序段的输入并换行。

2. 熟悉机床控制面板

（1）在紧急情况下按____________按钮，使机床立即停止，并且所有的输出都会关闭。

（2）按__________按钮，使 CNC 系统复位，解除报警。

（3）按__________按钮，数控程序中带有“/”符号的程序段将不予执行。

（4）按__________按钮，系统进入单段运行模式，每按一次循环启动按钮，系统执行一个程序段后停止。

（5）按__________按钮，系统进入空运行状态，机床按指定的速度快速移动，而与程序中指定的进给速度无关。该功能用来在机床未装工件时检查刀具的轨迹。

（6）按__________按钮，锁定机床，刀具不再移动，但是显示器上的位置坐标随程序执行而变化。

（7）按____________按钮，程序中带有 M01 的程序段将不予执行。

（8）在自动或 MDI 模式下，按________按钮，程序开始运行，其他模式下该按钮无效。

（9）程序运行过程中，按____________按钮，运行暂停；按__________按钮，程序恢复运行。

（10）程序运行过程中，程序中 F 指定的进给速度可以通过________________旋钮按照一定比例进行调整。

三、熟悉数控铣床基本操作

1. 启动与关闭机床

（1）简述启动机床的操作步骤。

（2）简述关闭机床的操作步骤。

2. 回机床参考点操作

（1）如何确认数控铣床各坐标轴返回到机床参考点？

（2）简述回机床参考点的操作步骤。

3. 手动操作

手动移动刀具的方式有“手动”“手轮”和“快速”三种。

（1）“手动”或“快速”方式

“手动”或“快速”方式操作步骤相同，不同之处是移动速度。手动轴选择方式由“$+X$”“$-X$”“$+Y$”“$-Y$”“$+Z$”和“$-Z$”六个按钮组成。在“手动”或“快速”方式下，按下其中一个按钮可以使刀具沿各轴正向或负向连续移动，移动速度可由__________________旋钮调节，松开按钮后移动停止。

（2）“手轮”方式

“手轮”方式由“手轮轴选择”“手轮轴倍率”和“手摇脉冲发生器”三部分组成。使用时，首先旋转________________旋钮至“*X*”“*Y*”或“*Z*”，选择刀具所要移动的轴；然后旋转____________________________旋钮，选择刀具移动的距离和精度；最后旋转__________________移动机床。其中“手摇脉冲发生器”每转动一个刻度，根据确定的手轮轴倍率“×1”“×10”“×100”，机床移动的距离分别为__________、__________、__________。

4. MDI 操作

MDI 方式适用于简单程序的操作，如指定主轴的转速、更换刀具等。这些程序在执行后将不能被存储。例如，指定主轴的转速为 500 r/min，操作步骤如下：

（1）旋转“方式选择”旋钮至__________方式。

（2）按________键，LCD 将显示“程序 MDI”界面，如下图所示。

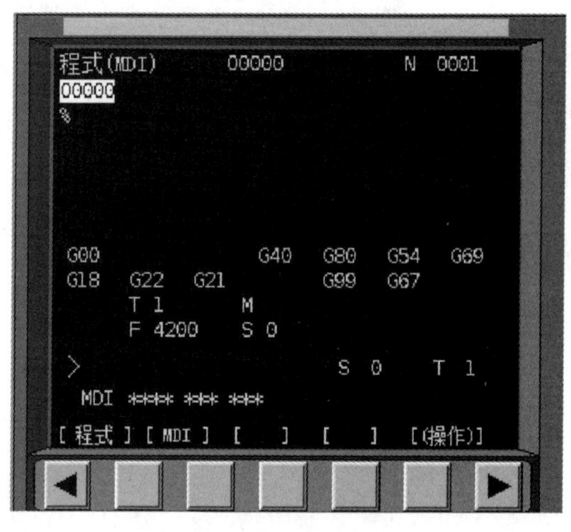

“程序 MDI”界面

（3）按 EOB 键→ INSERT 键，在 MDI 键盘中输入“M03 S500”，按______键→按______键，程序显示在 LCD 界面中，通过光标键使光标回到程序开头。

（4）按下机床操作面板上的______________按钮，主轴按设定的速度开始旋转。

5. 程序输入与编辑

（1）新建一个名为“O1111”的程序

1）旋转“方式选择”旋钮至____________方式。

2）按________键，LCD 界面转入到编辑页面，利用 MDI 键盘输入程序名“O1111”，依次按________键→按________键→按________键，则 LCD 界面上显示一个新建的程序。

3）按照上面的方法依次输入其他程序段，注意以 EOB E 键结束程序段的输入。

（2）程序的传输

1）在计算机上，用记事本或写字板编辑一个名称后缀为“. TXT”的程序文件或用自动编程软件生成一个名称后缀为“. NC”的程序文件，并保存在指定的路径中。

2）旋转“方式选择”旋钮至__________方式。

3）依次按________键→按________软键→按 ▶ 软键→按______软键，在 MDI 键盘上输入程序名，按________软键，屏幕显示“标头 SKP”表示接收准备就绪。

4）用机床通信软件打开所传输的加工程序并发送，程序即传输到数控机床中。

（3）若输入程序段“G90 G00 X0 S800 M03；”时，误将“S800”输入为“S8000”，应如何修改?

（4）如何查阅系统已储存的程序?

（5）如何将系统内已储存的程序置为当前加工程序？

（6）如何校验加工程序？

（7）将下列程序输入到数控装置，并校验其加工轨迹。

程序	注释
O0001;	程序文件名
N10 G90 G54;	采用 G54 坐标系
N20 M03 S150;	主轴正转，转速为 150 r/min
N30 G00 X75.0 Y-10.0;	刀具快速接近工件
N40 G00 Z1.0 M08;	*Z* 方向留 1 mm 的精加工余量，切削液打开
N50 G01 X-195.0 F150;	粗加工上表面
N60 G00 Z20.0;	抬刀至 *Z*20 mm 位置
N70 M03 S300;	主轴正转，转速为 300 r/min
N80 G00 X75.0 Y-10.0;	刀具接近工件
N90 G00 Z0 M08;	刀具移到 *Z*0 位置
N100 G01 X-195.0 F180;	精加工上表面
N110 G00 Z20.0;	抬刀至 *Z*20 mm 位置
N120 M05 M09;	主轴停转，切削液关闭
N130 M30;	程序结束

6. 装夹工件

（1）平口钳的安装

通常平口钳的安装方式有两种，如下图所示。在数控铣床上练习这两种安装方式，并记录操作过程。

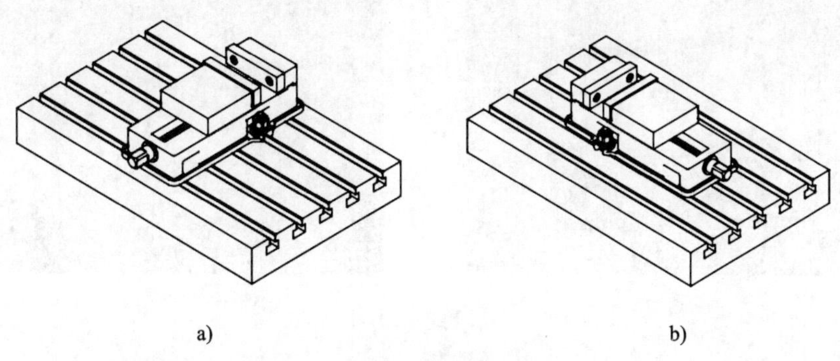

a)　　b)

平口钳的安装方式

a）固定钳口与 X 轴平行　b）固定钳口与 X 轴垂直

（2）平口钳的校正

平口钳的校正方法如下图所示。在数控铣床上练习平口钳的校正，并记录操作过程。

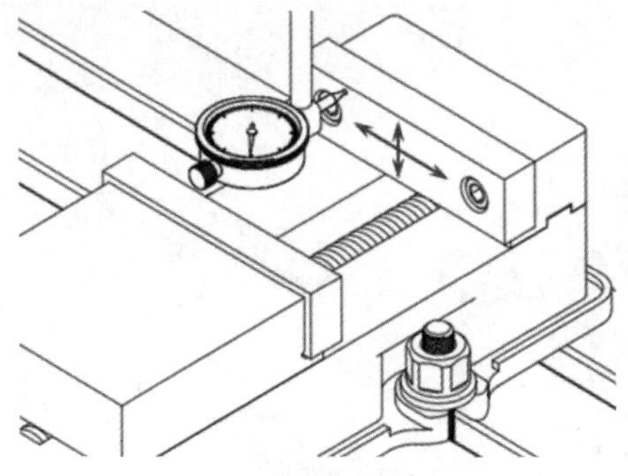

平口钳的校正方法

(3) 工件的装夹

采用精密平口钳装夹工件，工件以________钳口和__________为定位面。按下图所示方式进行装夹工件练习，并记录操作过程。

工件装夹方式

7. 装夹刀具

(1) 数控刀具在刀柄中的安装

1) 根据下图所示数控铣刀安装示意图，选择合适的刀柄。

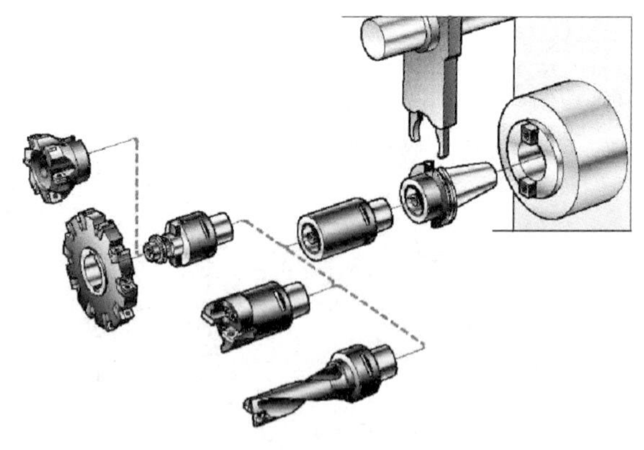

数控铣刀安装示意图

2）将刀柄装入下图所示锁刀器，刀柄卡槽对准锁刀器的________部分。

刀柄、锁刀器与月牙形扳手

3）用月牙形扳手松开刀具________螺母，安装所用刀具。

4）用月牙形扳手锁紧________螺母，完成刀具在刀柄中的安装。

按照上述操作步骤，练习数控刀具在刀柄中的安装，并记录操作过程。

（2）刀柄在数控机床上的安装

装刀前必须认真检查拉钉是否拧紧在刀柄上，如未拧紧，在机床工作过程中刀柄会松动，这是非常危险的。采用手动方式在主轴上装卸刀具时，应按下述顺序进行：

1）确认供气阀打开，数控机床的气动装置达到标准气压________ MPa。

2）擦干净刀具锥柄和主轴锥孔表面。

3）按下数控铣床控制面板上的___________按钮。

4）左手握住刀柄底部，将刀柄柄部伸入主轴锥孔中，并对正________。

5）按下主轴上的气动按钮（见下图），同时向上推刀柄，在刀具没有完全被拉紧到主轴上之前不要松手。

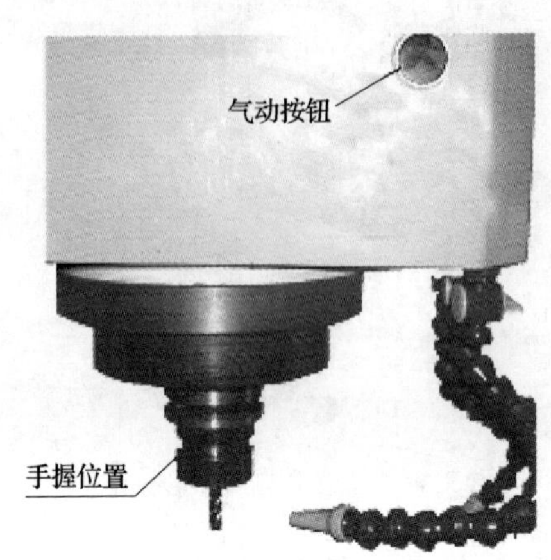

刀柄在数控机床上的安装

6）松开气动按钮，确认刀柄安装牢固，然后松开左手。

按照上述操作步骤，练习刀柄在数控机床上的安装，并记录操作过程。

（3）从主轴上卸刀

1）按下松刀开关时，刀柄被汽缸压下，要向下运动约0.5 mm。由于刀具具有自重并且气流压力会加速刀具向下的运动，因此要抓牢刀具。

2）手动卸刀时应注意使主轴箱升到足够的高度，以免刀具与工件或工作台发生碰撞。

按照上述操作步骤，练习从主轴上卸刀，并记录操作过程。

8. 对刀操作

对刀也是建立坐标系的过程，常用的对刀工具有铣刀、寻边器、Z 轴设定器和百分表等（见下图），在此用铣刀试切法进行对刀。

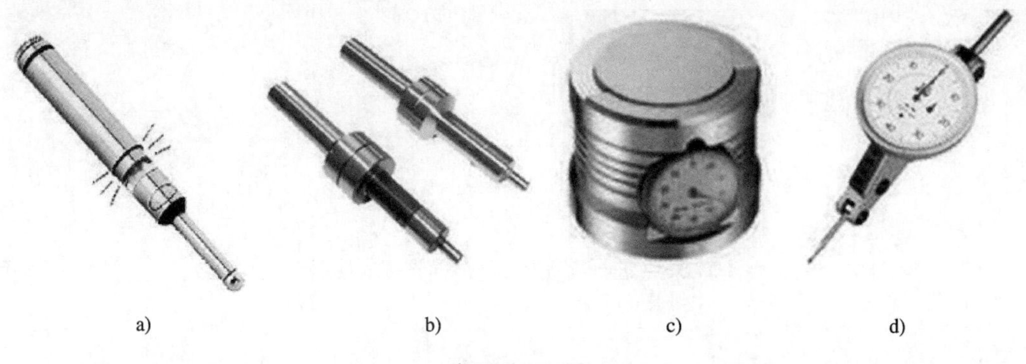

a)　　b)　　c)　　d)

常用对刀工具

a）光电式寻边器　b）偏心式寻边器　c）Z 轴设定器　d）杠杆式百分表

试切法就是用铣刀直接对刀，将工件合理地装夹并在主轴上装入刀具后，通过手摇脉冲发生器移动工作台，使旋转的刀具与工件的前（后）、左（右）侧面及工件的上表面（下图 a 中 1 ~5 五个位置）作极微量的接触切削后（产生切削摩擦声但没有切屑），通过对相应位置作一定的数值处理来完成工件坐标系的设定。

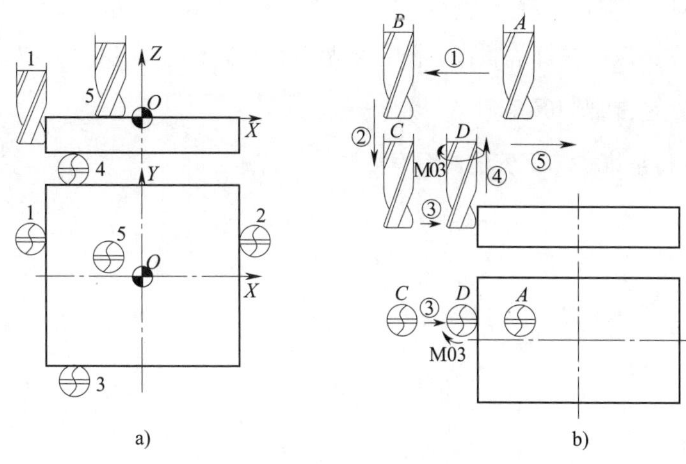

a)　　b)

X、Y 轴对刀操作示意图

a）用铣刀直接对刀　b）刀具的移动路线

（1）根据 X、Y 轴对刀操作示意图，简述 X、Y 轴对刀过程。

（2）以工件上表面为 Z 轴原点进行 Z 轴对刀，简述对刀过程。

四、熟悉数控铣床的日常保养

为了使数控铣床保持良好的状态，防止事故的发生，除了发生故障应及时修理外，还应坚持定期检查，经常维护保养。

1. 数控铣床日常维护与保养的内容有哪些?

2. 数控铣床周维护与保养的内容有哪些?

3. 数控铣床月、季度维护与保养的内容有哪些?

4. 数控铣床年维护与保养的内容有哪些?

安全提示

数控铣床的安全操作规程

1. 工作时应穿工作服、戴袖套。女同学应戴工作帽，将长发塞入帽子里。夏季禁止穿裙子、短裤和凉鞋上机操作。

2. 为防止切屑崩碎飞散伤人，对于有防护外罩的封闭型数控铣床必须关闭防护门，对于半开放式数控铣床必须戴防护眼镜。工作时，头不能离工件加工区域太近，以防止切屑伤人。

3. 工作时，必须集中精力，注意手、身体和衣服不能靠近正在旋转的机件，如数控铣床主轴、工件、带轮、皮带、齿轮等。

4. 工件和铣刀必须装夹牢固，否则会飞出伤人。

5. 凡装卸工件、更换刀具、测量加工表面及变换速度时，必须先停机再进行调整。

6. 数控铣床运转时，不得用手去摸刀具及刀具加工区域。严禁用棉纱擦抹转动的铣削刀具。

7. 应使用专用铁钩清除切屑，不允许用手直接清除。

8. 在数控铣床上操作不准戴手套。

9. 不要随意拆装机床电气设备，以免发生触电事故。

10. 工作中若发现机床有故障，要及时申报，由专业人员检修，未修复不得使用。

学习活动 3　程序编制与模拟加工

学习目标

1. 能叙述常用地址符的功能及用途。

2. 能叙述常用 G 指令和 M 指令的含义及用途。

3. 能计算单线体文字各基点的坐标值。

4. 能编制单线体文字加工程序。

5. 能熟练应用数控仿真软件模拟单线体文字的加工，并能完善单线体文字的加工程序。

建议学时　12 学时

学习过程

一、指令学习

1. 查阅资料，写出下表中常用地址符的功能及用途。

常用地址符的功能及用途

地址	功能	用途
O		
N		
G		

续表

地址	功能	用途
X、Y、Z		
A、B、C		
U、V、W		
R		
I、J、K		
F		
S		
T		
M		
H、D		

2. 查阅资料，写出下表中常用 G 指令的名称、编程格式及用途。

常用 G 指令的名称、编程格式及用途

指令	名称	编程格式	用途
G00			
G01			
G20			

续表

指令	名称	编程格式	用途
G21			
G28			
G29			
G90			
G91			
G54 ~ G59			
G92			

3. 查阅资料，写出下表中常用 M 指令的名称及用途。

常用 M 指令的名称及用途

指令	名称	用途
M00		
M01		
M02		
M03		
M04		
M05		

续表

指令	名称	用途
M06		
M07		
M08		
M09		
M30		
M98		
M99		

4. 下表为图示平面的加工程序，查阅资料，根据程序的构成，写出各程序段的含义。

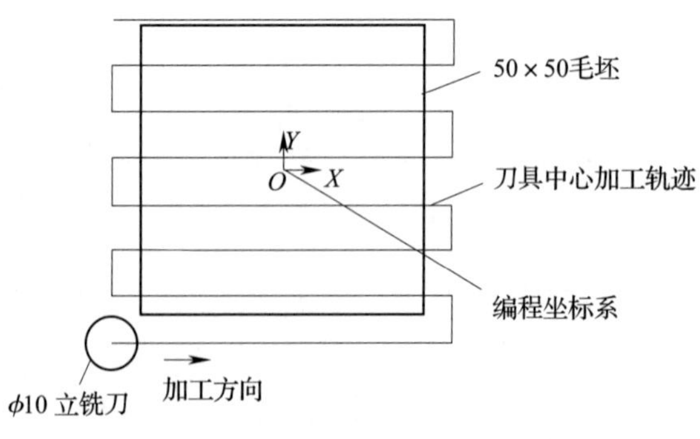

平面加工示例

平面加工示例加工程序

程序	程序结构	注释
O0001；	程序名	
N10 G21 G90 G54 G00 Z100.0；	程序内容	
N20 S1200 M03；		
N30 X-30.0 Y-30.0；		
N40 Z9.5；		
N50 G01 Z-0.5 F800；		
N60 X30.0 F600；		
N70 Y-22.0；		
N80 X-30.0；		
N90 Y-14.0；		
N100 X30.0；		
N110 Y-6.0；		
N120 X-30.0；		
N130 Y2.0；		
N140 X30.0；		
N150 Y10.0；		
N160 X-30.0；		
N170 Y18.0；		
N180 X30.0；		
N190 Y26.0；		
N200 X-30.0；		
N210 Z9.5 F1500；		
N220 G00 Z100.0；		
N230 M05；		
N240 M30；	程序结束	

二、计算基点坐标值

1. 根据下图所示编程坐标系，计算出“中国”各基点的坐标值。

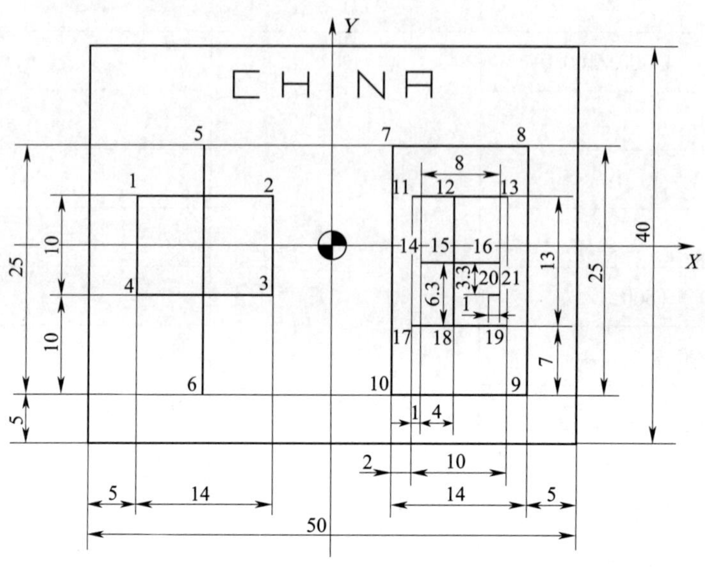

“中国”各基点示意图

“中国”各基点的坐标值

基点	坐标值	基点	坐标值
1		12	
2		13	
3		14	
4		15	
5		16	
6		17	
7		18	
8		19	
9		20	
10		21	
11			

2．根据下图所示编程坐标系，计算出英文字母“CHINA”各基点的坐标值。

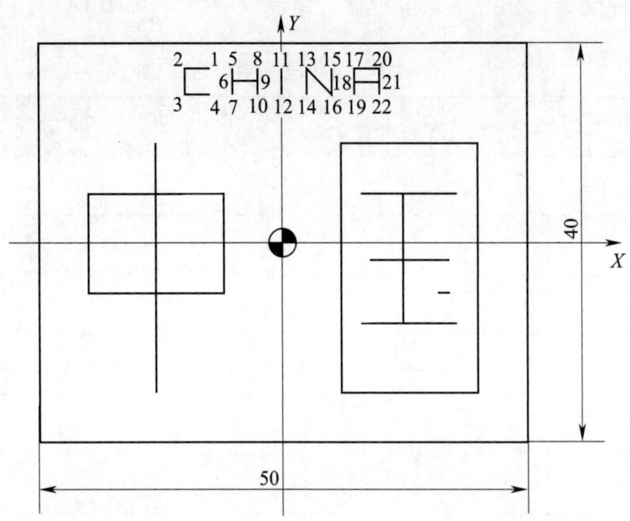

英文字母“CHINA”各基点示意图

英文字母“CHINA”各基点的坐标值

基点	坐标值	基点	坐标值
1		12	
2		13	
3		14	
4		15	
5		16	
6		17	
7		18	
8		19	
9		20	
10		21	
11		22	

三、编制加工程序

根据建立的工件坐标系和各基点坐标值，编制“中国”“CHINA”加工程序。

“中”字加工程序

程序	注释

“国”字加工程序

程序	注释

续表

程序	注释

续表

程序	注释

"CHINA" 加工程序

程序	注释

续表

程序	注释

四、模拟加工

1. 熟悉数控仿真软件系统

（1）你所使用的数控仿真软件是哪家公司生产的?

（2）你所使用数控仿真软件的仿真界面主要包含哪些信息?

（3）将你所使用数控仿真软件的基本功能填入下表。

数控仿真软件的基本功能

组成	主要功能
文件操作	
视图操作	
选择机床	
零件操作	
选择刀具	
零件测量	

（4）在数控仿真系统中如何选择 FANUC 0i Mate 数控铣床?

2. 打开数控仿真软件，选择你所熟悉的数控铣床，按正确的操作顺序将仿真机床打开，进行回机床参考点操作，并记录操作过程。

3. 单线体文字零件的上表面有 2 mm 的加工余量，需要先使用端铣刀加工平整。使用仿真数控机床的手轮和进给按钮进行手动切削。按照下列提示操作，并记录操作过程。

（1）进入仿真刀库界面选择刀具，输入刀具参数。

（2）进入仿真毛坯定义界面，设置毛坯材料大小，并进行装夹。

（3）运用仿真机床系统中的 MDI 功能启动主轴。

（4）模拟手动端铣工件上表面

1）在模拟加工前，如何通过机床坐标系界面上显示的坐标数据控制端铣刀的 Z 向深度?

2）模拟加工时，参考下图所示粗铣、精铣端面的加工轨迹，对零件上表面进行铣削，记录操作过程。要求：铣削后的零件厚度为 20 mm，铣削时注意调节机床手轮倍率大小，并确保进给方向无误。

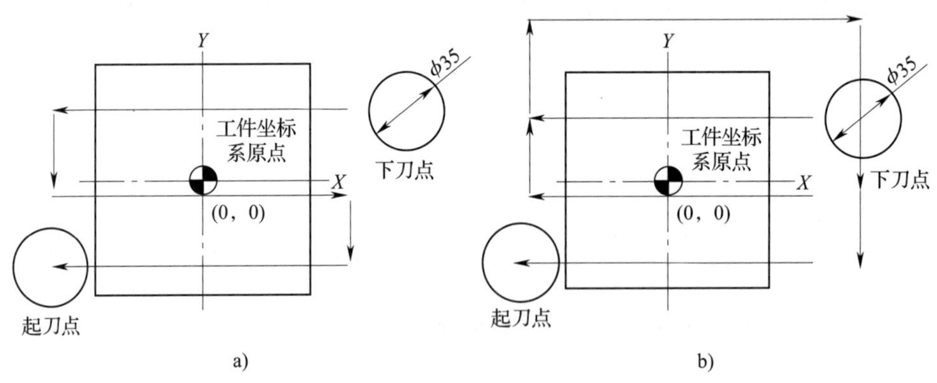

手动加工上表面加工轨迹

a）粗加工轨迹 b）精加工轨迹

4. 对刀

（1）基准工具是指对刀时所使用的具有高精度尺寸的对刀杆、接触式对刀仪等工具，可连接刀柄并安装在主轴上。安装仿真软件中的对刀基准工具，记录操作过程。

（2）利用仿真软件中的基准工具，以零件对称中心为编程原点进行 X、Y 轴对刀，记录操作过程。

（3）利用所选刀具更换基准工具，以零件上表面为编程原点进行 Z 轴对刀，记录操作过程。

（4）对刀后的 MDI 程序校验指利用 MDI 功能进行手动单段编程，程序段内容为指定刀具移动到工件坐标系中的一个安全点，运行后可校验刀具实际移动到的位置是否符合程序给定的坐标。在建立工件坐标系后，编制程序段将刀具移动到工件坐标系 *X*0、*Y*0、*Z*100 的位置，并对刀具的实际位置进行校验，记录操作过程。

5．模拟加工零件

（1）进入程序界面，输入程序并进行自动加工，观察加工路径是否符合图样要求，记录操作过程。

（2）根据加工轮廓形状判断加工程序的对错，如有错误将修改意见填入下表。

程序修改意见

序号	程序错误	修改意见
1		
2		
3		
4		

（3）模拟加工时如出现加工深度不正确应如何处理?

五、模拟检测

1．测量单线体文字以下主要尺寸并记录结果。

（1）外形尺寸：长________________ mm × 宽______________ mm × 高____________ mm 。

（2）“中国”两字尺寸：字高为_________ mm，字宽为_________ mm，离工件底边与侧边边距为_________ mm。

（3）“CHINA”的尺寸：字高为_________ mm，字宽为_________ mm，字母“C”左侧离零件侧边边距为_________ mm，字母“C”底边离零件顶边边距为_________ mm。

2．检测零件加工精度，对不合格项目提出修改意见，填入下表。

修改方案

序号	不合格项目	修改意见
1		
2		
3		
4		

学习活动4 单线体文字的加工与检测

学习目标

1. 能根据现场条件，查阅相关资料，确定符合加工技术要求的工、量、夹具和辅件。

2. 能按图样要求，测量毛坯外形尺寸，判断毛坯是否有足够的加工余量。

3. 能叙述切削液的种类和使用场合，正确选择本次任务要用的切削液。

4. 能正确装夹工件，并对其进行找正。

5. 能正确规范地装夹数控铣刀，并能正确进行数控铣刀的对刀。

6. 能根据加工要求，正确操作数控铣床，完成单线体文字的加工。

7. 能按产品工艺流程和车间要求，进行产品交接并规范填写交接班记录。

8. 能严格按照车间管理规定，正确规范地保养数控铣床。

9. 能完成单线体文字的检测，并根据检测结果分析误差产生的原因。

建议学时 20学时

学习过程

一、加工准备

1．领取工、量、刃具

领取工、量、刃具，并填写工、量、刃具清单。

工、量、刃具清单

序号	名称	规格	数量	备注
1				
2				
3				
4				
5				
6				
7				
8				
9				
10				

2．领取毛坯料

领取毛坯料，并测量毛坯外形尺寸，判断毛坯是否有足够的加工余量。记录所领毛坯料的实际尺寸。

3. 选择切削液

(1) 切削液有何作用?

(2) 常用的切削液有哪些?

(3) 本次加工应选用哪种切削液? 为什么?

二、加工过程

1. 机床准备

(1) 启动机床。

(2) 机床各轴回机床参考点。

(3) 输入数控加工程序并校验。

2. 安装工件

选用精密平口钳装夹工件，并用百分表进行找正。

3. 手动加工零件上表面

按照模拟手动端铣工件上表面的方法，手动端铣零件上表面，保证零件高度为 20 mm。

4. 装夹刀具

正确装夹刻字刀，确保刀具牢固可靠，并通过 MDI 操作设定主轴转速。

5．对刀

通过试切法将工件坐标系相对于机床坐标系的 X、Y、Z 坐标值输入到 G54 相应的参数中。

6．自动加工

（1）调入“中”字加工程序，并转入自动加工模式。将 G54 参数中的 Z 值增大50 mm，空运行加工程序，验证加工轨迹是否正确。若轨迹正确，将 G54 参数中的 Z 值改为原值，进行下一步操作。若不正确，仔细检查加工程序的对错，修改无误后，进行下一步操作。分析并记录程序出错原因。

（2）采用单段方式对工件进行试切加工，并在加工过程中密切观察加工状态，如有异常现象及时停机检查。分析并记录异常原因。

（3）加工完毕后，检测“中”字尺寸是否符合图样要求。若合格，调入“国”字加工程序和英文字母“CHINA”加工程序，进行“国”字和英文字母“CHINA”加工。若不合格，根据加工余量情况，确定是否进行修整加工。能修整的进行修整加工至图样要求。不能修整的，详细分析、记录报废的原因并给出修改措施。

（4）全部加工完毕后，将工件卸下。

7．根据零件加工路径，估算零件加工时间（估算方法：总时间约为实际加工路径的总距离除以进给量，再加上装夹零件和刀具、程序输入、调整参数等辅助时间），并跟实际用时相比较。

8．机床保养、清理场地

加工完毕后，按照图样要求进行自检，正确放置零件，并进行产品交接确认；按照国家环保相关规定和车间要求整理现场，清扫切屑，保养机床，并正确处置废油液等废弃物；按车间规定填写交接班记录（附表 1）和设备日常保养记录卡（附表 2）。

三、检测与质量分析

1．填写检测单线体文字所需的工、量具

检测用工、量具

序号	名称	规格（精度）	检测内容	备注

2. 单线体文字成品检测

根据零件图样要求，进行成品检测，并将检测结果填写在下表中。

单线体文字检测记录表

序号	技术要求	检测结果	结论
1	20 mm		
2	25 mm（2 处）		
3	10 mm（3 处）		
4	14 mm（2 处）		
5	1 mm（2 处）		
6	2 mm		
7	4 mm		
8	5 mm（3 处）		
9	6. 3 mm		
10	3. 3 mm		
11	13 mm		
12	7 mm		
13	8 mm		
14	5 mm（2 处）		
15	17. 5 mm		
16	15 mm		
17	10 mm		
18	12. 5 mm		
19	2. 5 mm（5 处）		
20	$Ra3.2$ μm		
单线体文字零件检测结论			

3. 不合格产品原因分析

归纳加工单线体文字零件时产生废品的原因及预防方法。

加工单线体文字零件时产生废品的原因及预防方法

废品种类	产生原因	预防方法
尺寸不对		
表面粗糙度降级		

学习活动 5　工作总结与评价

学习目标

1. 能按分组情况，分别派代表展示工作成果，说明本次任务的完成情况，并作分析总结。

2. 能结合自身任务完成情况，正确规范地撰写工作总结（心得体会）。

3. 能就本次任务中出现的问题提出改进措施。

4. 能对学习与工作进行反思总结，并能与他人开展良好合作，进行有效的沟通。

建议学时　4 学时

学习过程

一、个人评价

按下表评分标准进行个人评价。

个人综合评价表

项目	序号	技术要求	配分	评分标准	得分
机床操作（20%）	1	正确开启机床、检查	4	不正确、不合理无分	
	2	机床返回参考点	4	不正确、不合理无分	
	3	程序的输入及修改	4	不正确、不合理无分	
	4	程序空运行轨迹检查	4	不正确、不合理无分	
	5	对刀的方式、方法	4	不正确、不合理无分	

续表

项目	序号	技术要求	配分	评分标准	得分
程序与工艺（20%）	6	程序格式规范	5	不合格每处扣2分	
	7	程序正确、完整	10	不合格每处扣3分	
	8	工艺合理	5	不合格每处扣2分	
模拟加工（10%）	9	正确应用数控仿真软件验证加工程序	10	出现一次错误操作扣5分	
零件质量（40%）	10	20 mm	2	不正确不得分	
	11	25 mm（2处）	2	不正确不得分	
	12	10 mm（3处）	2	不正确不得分	
	13	14 mm（2处）	2	不正确不得分	
	14	1 mm（2处）	2	不正确不得分	
	15	2 mm	2	不正确不得分	
	16	4 mm	2	不正确不得分	
	17	5 mm（3处）	2	不正确不得分	
	18	6.3 mm	2	不正确不得分	
	19	3.3 mm	2	不正确不得分	
	20	13 mm	2	不正确不得分	
	21	7 mm	2	不正确不得分	
	22	8 mm	2	不正确不得分	
	23	5 mm（2处）	2	不正确不得分	
	24	17.5 mm	2	不正确不得分	
	25	15 mm	2	不正确不得分	
	26	10 mm	2	不正确不得分	
	27	12.5 mm	2	不正确不得分	
	28	2.5 mm（5处）	2	不正确不得分	
	29	$Ra3.2$ μm	2	降级不得分	
安全文明生产（10%）	30	安全操作	5	不按安全操作规程操作全扣	
	31	机床清理	5	不合格全扣	
总得分					

二、小组评价

把个人加工好的单线体文字零件先进行分组展示，再由小组推荐代表作必要的介绍。在展示的过程中，以小组为单位进行评价；评价完成后，根据其他小组成员对本组展示成果的评价意见进行归纳总结。完成如下项目：

（1）展示的单线体文字零件符合技术标准吗？

很好□　　一般□　　不准确□

（2）本小组介绍成果表达是否清晰？

很好□　　一般，常补充□　　不清晰□

（3）本小组演示的单线体文字零件加工方法操作正确吗？

正确□　　部分正确□　　不正确□

（4）本小组演示操作时遵循了“6S”的工作要求吗？

符合工作要求□　　忽略了部分要求□　　完全没有遵循□

（5）本小组的检测量具、量仪保养完好吗？

良好□　　一般□　　不符合要求□

（6）本小组的成员团队创新精神如何？

良好□　　一般□　　不足□

三、教师评价

教师对展示的作品分别作评价。

1. 找出各组的优点进行点评。

2. 对展示过程中各组的缺点进行点评，提出改进方法。

3. 对整个任务完成中出现的亮点和不足进行点评。

四、总结提升

1. 计算你所加工单线体文字零件的成本，包括材料、工时、工具及设备损耗，并调研其市场价格，两者的差价是多少？

2. 结合自身任务完成情况，撰写本次任务的工作总结（心得体会）。

工作总结（心得体会）

评价与分析

学习任务一评价表

<table>
<tr><td>班级</td><td colspan="2"></td><td>姓名</td><td colspan="2"></td><td colspan="2">学号</td><td colspan="2"></td></tr>
<tr><td rowspan="3">项目</td><td colspan="3">自我评价</td><td colspan="3">小组评价</td><td colspan="3">教师评价</td></tr>
<tr><td>10～9</td><td>8～6</td><td>5～1</td><td>10～9</td><td>8～6</td><td>5～1</td><td>10～9</td><td>8～6</td><td>5～1</td></tr>
<tr><td colspan="3">占总评 10%</td><td colspan="3">占总评 30%</td><td colspan="3">占总评 60%</td></tr>
<tr><td>学习活动 1</td><td></td><td></td><td></td><td></td><td></td><td></td><td></td><td></td><td></td></tr>
<tr><td>学习活动 2</td><td></td><td></td><td></td><td></td><td></td><td></td><td></td><td></td><td></td></tr>
<tr><td>学习活动 3</td><td></td><td></td><td></td><td></td><td></td><td></td><td></td><td></td><td></td></tr>
<tr><td>学习活动 4</td><td></td><td></td><td></td><td></td><td></td><td></td><td></td><td></td><td></td></tr>
<tr><td>学习活动 5</td><td></td><td></td><td></td><td></td><td></td><td></td><td></td><td></td><td></td></tr>
<tr><td>表达能力和分析能力</td><td></td><td></td><td></td><td></td><td></td><td></td><td></td><td></td><td></td></tr>
<tr><td>协作精神</td><td></td><td></td><td></td><td></td><td></td><td></td><td></td><td></td><td></td></tr>
<tr><td>纪律观念</td><td></td><td></td><td></td><td></td><td></td><td></td><td></td><td></td><td></td></tr>
<tr><td>工作态度</td><td></td><td></td><td></td><td></td><td></td><td></td><td></td><td></td><td></td></tr>
<tr><td>任务总体表现</td><td></td><td></td><td></td><td></td><td></td><td></td><td></td><td></td><td></td></tr>
<tr><td>小计分</td><td colspan="3"></td><td colspan="3"></td><td colspan="3"></td></tr>
<tr><td>总评分</td><td colspan="9"></td></tr>
</table>

任课教师：________　　年　　月　　日

学习任务二　凸台的加工

学习目标

1. 能正确识读和绘制凸台图样。

2. 能分析凸台的加工工艺，并正确填写数控加工工艺卡。

3. 能正确编制凸台加工程序。

4. 能熟练应用数控仿真软件完成凸台的模拟加工。

5. 能正确规范地装夹工件和数控铣刀，并正确进行数控铣刀的对刀。

6. 能根据加工要求，正确操作数控铣床，完成凸台的加工。

7. 能按产品工艺流程和车间要求，进行产品交接并规范填写交接班记录。

8. 能严格按照车间管理规定，正确规范地保养数控铣床。

9. 能完成凸台的检测，并根据检测结果分析误差产生的原因。

10. 能主动获取有效信息，展示工作成果，对学习与工作进行反思总结，并能与他人开展良好合作，进行有效的沟通。

建议学时

30 学时

工作情境描述

某模具企业定制一批凸模，数量为 10 件，来料加工，材料为 45 钢，外表面已加工，毛坯尺寸为 120 mm × 80 mm × 25 mm，加工内容为零件上表面的凸台，交货期为 5 天。生产主管部门将该生产任务交予我们数控铣工组完成。

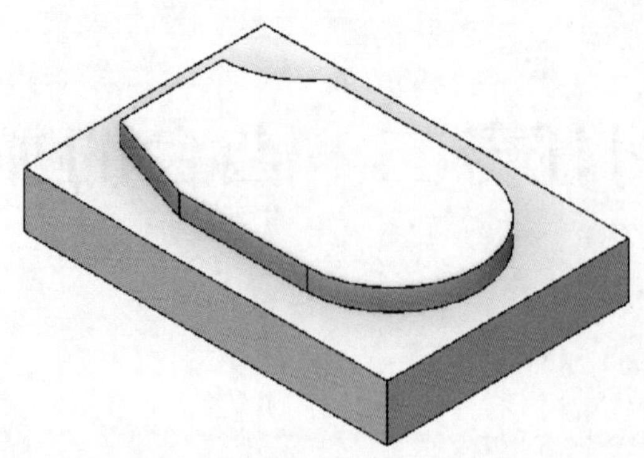

工作流程与活动

1. 图样分析与工艺准备
2. 程序编制与模拟加工
3. 凸台的加工与检测
4. 工作总结与评价

学习活动1　图样分析与工艺准备

学习目标

1. 能正确阅读生产任务单，明确加工任务，并能合理地制定工作进度计划。

2. 能正确识读和绘制凸台零件图样。

3. 能正确分析凸台的加工工艺。

4. 能根据所用刀具材料及加工对象，查阅相关资料，确定切削用量。

5. 能叙述立铣刀的结构、用途，并能正确选用加工用立铣刀。

6. 能正确填写凸台数控加工工艺卡。

建议学时　6学时

学习过程

一、阅读生产任务单

生产任务单

需方单位名称				完成日期	年　月　日
序号	产品名称	材料	数量	技术标准、质量要求	
1	凸台	45钢	10件	按图样要求	
2					
3					

续表

序号	产品名称	材料	数量	技术标准、质量要求		
4						
生产批准时间		年　月　日	批准人			
通知任务时间		年　月　日	发单人			
接单时间		年　月　日	接单人		生产班组	数控铣工组

1．加工凸台的难点有哪些？采用普通铣床能否完成凸台的加工？

2．本生产任务工期为 5 天，请依据任务要求，制订合理的工作进度计划，并根据小组成员的特点进行分工。

序号	工作内容	时间	成员	负责人
1	图样分析与工艺准备			
2	程序编制			
3	模拟加工			
4	加工			
5	成品检测与质量分析			

二、图样分析

凸台零件图如下图所示。

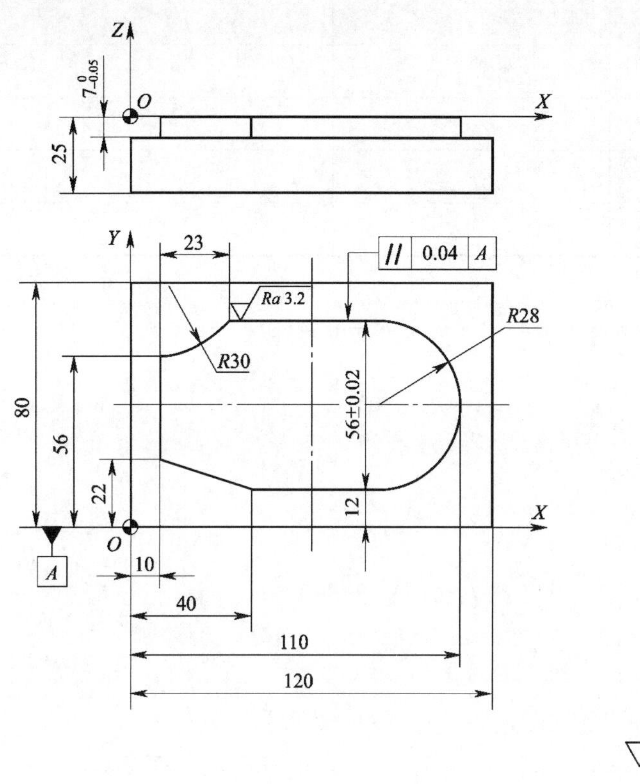

凸台零件图

1. 分析零件图样，在下表中写出凸台零件的主要加工尺寸、几何公差要求及表面质量要求，并进行相应的尺寸公差计算，为零件的编程做准备。

序号	项目	内容	偏差范围
1			
2			
3			
4			
5	主要加工尺寸		
6			
7			
8			
9			

续表

序号	项目	内容	偏差范围
10	主要加工尺寸		
11			
12	几何公差要求		
13	表面质量要求		
14			

2．该零件的主要定位尺寸有哪些？定形尺寸有哪些？

定位尺寸：

定形尺寸：

3．抄绘凸台零件图。

三、工艺准备

1．选择设备

你选择何种数控铣床加工凸台零件？写出机床型号。

2．确定凸台零件的定位基准和装夹方式

由于凸台零件外表面已加工，所以采用________________装夹工件，并选择________和________作为定位基准。

3．确定凸台的加工顺序

凸台加工尺寸精度及侧面表面质量要求（$Ra3.2\ \mu m$）较高，故采用________________原则确定凸台的加工顺序。

4．选择刀具

外轮廓的加工刀具一般选用高速钢立铣刀或硬质合金可转位立铣刀。可转位立铣刀由刀体和刀片组成，如下图所示。

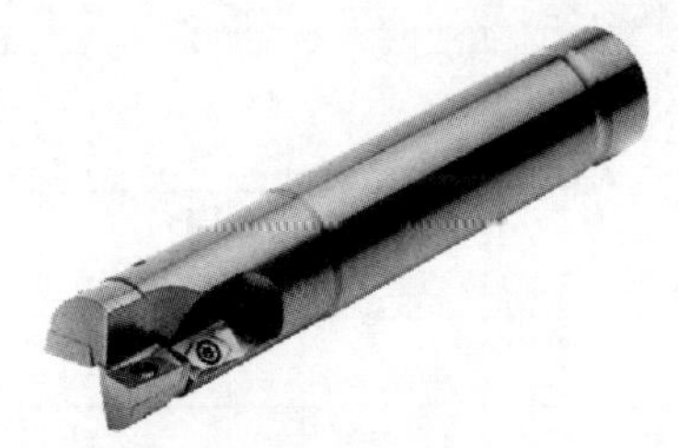

可转位立铣刀

本次加工应选用 ϕ ________立铣刀，刀齿数为________齿。

5．确定凸台加工路线，并绘制加工路线图

轮廓加工路线的设计应保证零件的精度和表面粗糙度，应首先选用顺铣加工。进、退刀时，应根据零件轮廓的形状选择直线或圆弧方式切入或切出。根据上述要求，设计凸台加工路线，并绘制加工路线图。

6. 确定切削用量

（1）背吃刀量（a_p）

外轮廓的加工深度均为 7 mm，加工时，Z 向选择背吃刀量为________ mm，________次加工到深度。

（2）主轴转速（n）

切削速度 v_c 取 20 m/min。

$n =$ ________________________。

（3）进给速度（v_f）

加工时每齿进给量 f_z 取 0.05 mm/z。

$v_f = f_z \times z \times n =$ ________________________。

7. 填写数控加工工艺卡

数控加工工艺卡

单位名称		产品名称	零件名称		零件图号	
工序	程序编号	夹具名称	使用设备		车间	
工步	工步内容	刀具规格（mm）	主轴转速（r/min）	进给速度（mm/min）	背吃刀量（mm）	备注
编制		审核	批准		共 页	第 页

学习活动 2　程序编制与模拟加工

学习目标

1. 能正确运用圆弧插补指令 G02、G03。

2. 能正确运用刀尖圆弧半径补偿指令 G40、G41、G42。

3. 能正确运用刀具长度补偿指令 G43、G44、G49。

4. 能根据所设定的加工路线，计算凸台各基点的坐标值。

5. 能编制凸台的加工程序。

6. 能熟练应用数控仿真软件模拟凸台的加工，并能完善凸台的加工程序。

建议学时　8 学时

学习过程

一、指令学习

1. 圆弧插补指令

（1）G02 是什么指令？G03 是什么指令？

(2) 写出 G02、G03 编程格式，并解释各参数的含义。

(3) 如何判别圆弧的顺逆？根据圆弧判别方法，判别下图各平面中圆弧的顺逆。

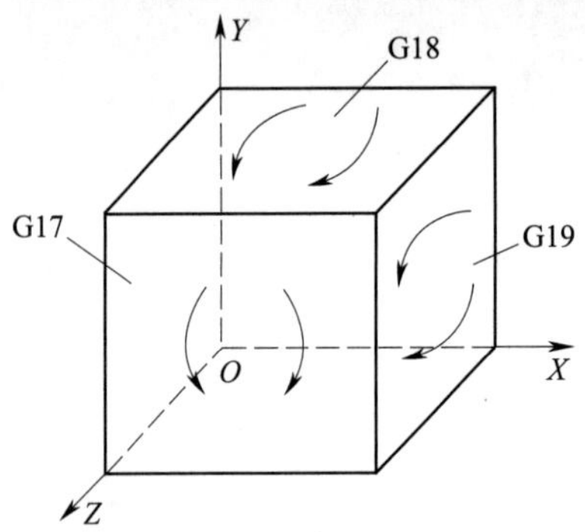

圆弧顺逆的判别

(4) 什么情况下圆弧半径 R 取正值？什么情况下圆弧半径 R 取负值？

(5) 加工整圆时，能否采用 R 方式编写圆弧加工程序？为什么？

2. 刀具半径补偿指令

(1) 刀具半径补偿的目的是什么?

(2) G40、G41、G42 是什么指令?

(3) 刀具半径补偿的过程分为哪三步? 能在切削过程中建立刀具半径补偿吗?

3. 刀具长度补偿指令

(1) G43、G44、G49 是什么指令? 如何区分 G43 和 G44 指令?

（2）通过 Z 向对刀测得“1 号刀”的补偿值为 -200.0，并将此值保存在“1 号”偏置存储器中，执行 G43 G00 Z10.0 H01 程序段时，则刀具在机床上的实际移动距离 = 长度补偿值 + 编程坐标值 = ________ + ________ = ________，即机床的实际移动量为沿着 Z 轴的负方向移动________ mm。

（3）当设置“1 号”偏置存储器的值为 200.0 时，执行 G44 G00 Z10.0 H01 程序段，则刀具在机床上的实际移动距离 = 编程坐标值 - 长度补偿值 = ________ - ________ = ________，即机床的实际移动量为沿着 Z 轴的负方向移动________ mm。

二、计算基点坐标值

根据加工图样及选用刀具，制定如下图所示加工路线，切削起点选在点 1（X10，Y-20），沿着加工轮廓点 2→点 3→点 4→点 5→点 6→点 7，顺时针方向走刀加工，切削终点选在点 8（X-20，Y22），试求其他基点的坐标值。

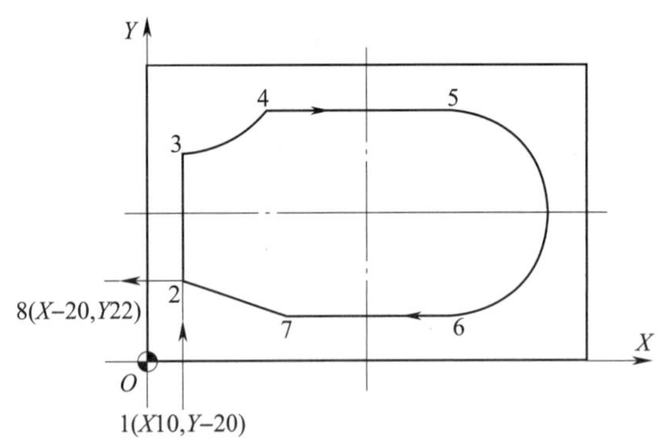

凸台加工路线图

各基点的坐标

基点	坐标值	基点	坐标值
1	X10，Y-20	5	
2		6	
3		7	
4		8	X-20，Y22

三、编制加工程序

1. 确定刀具半径补偿方向

沿上图所示加工路线编程时，应选用________指令，补偿刀具半径对加工的影响。

2. 编制加工程序

根据上图所示加工路线图，编制凸台加工程序。

凸台加工程序

程序	注释

四、模拟加工

1. 机床准备

（1）选择机床。

（2）启动。

（3）机床各轴回机床参考点。

（4）输入数控程序并校验。

2. 安装工件

（1）按照毛坯实际大小设定毛坯尺寸。

（2）选择夹具。

（3）放置零件并安装。

3. 设定刀具

设定即将使用的所有刀具，分别将参数输入到数控仿真软件刀具库中。

4. 对刀

（1）*X*、*Y* 轴对刀

安装基准工具，以下图所示编程原点进行 *X*、*Y* 轴对刀。

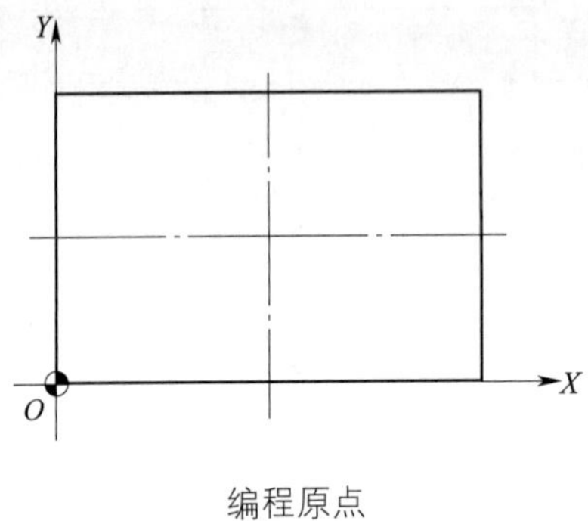

编程原点

（2）*Z* 轴对刀

将基准工具卸下，换上加工刀具，以零件上表面为编程原点进行 *Z* 轴对刀。

（3）对刀完毕后，使用 MDI 功能进行刀具位置校验，观察其是否符合要求。若符合要求，进行下一步操作，若不符合要求，找出并记录错误原因。

5. 模拟加工

（1）运行程序，观察加工过程中是否出现程序编制错误、撞刀、过切、欠切、切削深度过大等报警信息的提示。若有，查找报警信息原因，修改加工程序，修改无误后再进行模拟加工。记录报警信息，并分析报警原因。

报警信息

报警信息	原因分析

（2）仔细观察加工路径是否符合零件图样要求。若符合要求，进行下一步操作。若不符合要求，仔细查看加工程序，找出并记录问题原因，然后修改程序，修改无误后再进行模拟加工。

出现问题

问题	原因分析

五、模拟检测

1．使用仿真软件的测量功能检验零件尺寸，填入下表，并判断尺寸是否合格。

凸台模拟检测记录表

序号	技术要求	检测结果	结论
1	10 mm		
2	40 mm		
3	110 mm		
4	22 mm		
5	56 mm		
6	23 mm		
7	（56 ±0.02）mm		
8	12 mm		
9	$R30$ mm		
10	$R28$ mm		
11	$7_{-0.05}^{0}$ mm		
凸台检测结论			

2. 根据凸台检测结果，修改不合格尺寸的加工程序，记录修改的内容。

3. 若 $R30$ mm 尺寸加工后的测量值为 $R30.2$ mm，分析是什么原因造成的。

学习活动3　凸台的加工与检测

学习目标

1．能根据现场条件，查阅相关资料，确定符合加工技术要求的工、量、夹具和辅件。

2．能按图样要求，测量毛坯外形尺寸，判断毛坯是否有足够的加工余量。

3．能正确选择本次加工任务要用的切削液。

4．能正确装夹工件，并对其进行找正。

5．能正确规范地装夹立铣刀，并能正确进行立铣刀的对刀。

6．能根据加工要求，正确操作数控铣床，完成凸台的加工。

7．能按产品工艺流程和车间要求，进行产品交接并规范填写交接班记录。

8．能严格按照车间管理规定，正确规范地保养数控铣床。

9．能完成凸台的检测，并根据检测结果分析误差产生的原因。

建议学时　12学时

学习过程

一、加工准备

1. 领取工、量、刃具

领取工、量、刃具，并填写工、量、刃具清单。

工、量、刃具清单

序号	名称	规格	数量	备注
1				
2				
3				
4				
5				
6				
7				
8				
9				
10				

2. 领取毛坯料

领取毛坯料，并测量毛坯外形尺寸，判断毛坯是否有足够的加工余量。记录所领毛坯料的实际尺寸。

3．选择切削液

根据加工对象及所用刀具，选择本次加工所用切削液，并记录切削液名称。

二、加工过程

1．机床准备

（1）启动机床。

（2）机床各轴回参考点。

（3）输入数控加工程序并校验。

2．安装工件

毛坯尺寸为 120 mm×80 mm×25 mm，尺寸较小，并且毛坯件各面是已加工面，故选用精密平口钳装夹工件。装夹工件时，用百分表进行找正。

3．装夹刀具

正确装夹立铣刀，确保刀具牢固可靠。

4．对刀

首先设定主轴转速，然后通过试切法将工件坐标系相对于机床坐标系的 X、Y、Z 坐标值输入到 G54 相应的参数中。

5．输入半径补偿值

凸台外形轮廓有一定的尺寸精度和表面粗糙度要求，加工时用改变刀补的方法实现工件的粗、精加工。粗加工外形轮廓时，设置刀补为____________ mm；精加工时，根据测量结果设置刀具半径补偿值。粗加工外形轮廓时，设置的刀补值大于还是小于刀具半径?

6. 加工

（1）转入自动加工模式，将 G54 参数中的 Z 值增大 50 mm，空运行加工程序，验证加工轨迹是否正确。若轨迹正确，将 G54 参数中的 Z 值改为原值，进行下一步操作。若不正确，对照凸台图样仔细检查加工程序对错，修改无误后，进行下一步操作。分析并记录程序出错原因。

（2）采用单段方式对工件进行试切加工，并在加工过程中密切观察加工状态，如有异常现象应及时停机检查。分析并记录出现异常的原因。

（3）粗加工完毕后，精确测量加工尺寸，根据测量结果，修改刀具半径补偿值，再进行精加工。若粗加工尺寸误差较大，分析并记录误差原因。

（4）加工完毕后，检测零件加工尺寸是否符合图样要求。若合格，将工件卸下。若不合格，根据加工余量情况，确定是否进行修整加工。能修整的进行修整加工至图样要求。不能修整的，应详细分析、记录报废的原因并给出修改措施。

7. 根据零件加工路径，估算零件加工时间，并跟实际用时相比较。

8. 机床保养、清理场地

加工完毕后，正确放置零件，并进行产品交接确认；按照国家环保相关规定和车间要求整理现场，清扫切屑，保养机床，并正确处置废油液等废弃物；按车间规定填写交接班记录（附表1）和设备日常保养记录卡（附表2）。

三、检测与质量分析

1. 领取检测用工、量具

（1）选用圆弧检测量具

由于圆弧的形状比较特殊，常用半径规来检测其加工质量。半径规也称半径样板或R规，是一种测量精度要求不高圆弧的常用量具，如下图所示。半径规是利用光隙法测量圆弧半径的工具，测量时必须使半径规的测量面与工件的圆弧完全紧密地接触，当测量面与工件的圆弧中间没有间隙时，半径规上的数字则为工件的圆弧半径值。

测量凸台的 $R30$ mm 和 $R28$ mm 圆弧应选择何种规格的半径规？

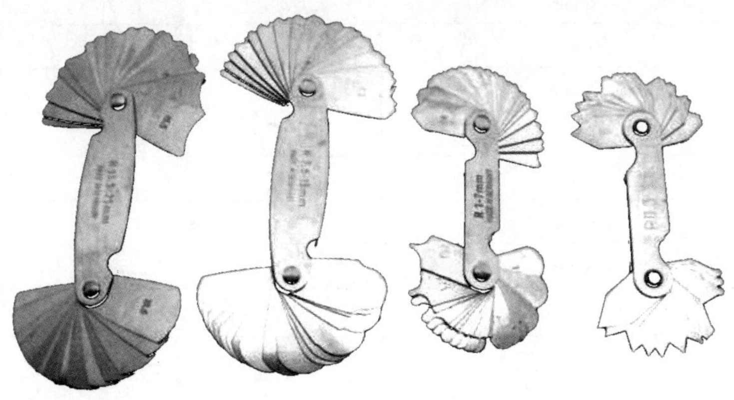

半径规

（2）填写检测凸台所需的工、量具

检测用工、量具

序号	名称	规格（精度）	检测内容	备注

2. 凸台成品检测

检测凸台成品，并将检测结果填写在下表中。

凸台检测记录表

序号	技术要求	检测结果	结论
1	10 mm		
2	40 mm		
3	110 mm		
4	22 mm		
5	56 mm		
6	23 mm		
7	（56 ±0.02）mm		
8	12 mm		
9	$R30$ mm		
10	$R28$ mm		
11	$7_{-0.05}^{0}$ mm		
12	// 0.04 A		
13	$Ra3.2$ μm		
14	$Ra6.3$ μm		
凸台检测结论			

3．填写凸台的平行度误差测量报告

凸台的平行度误差测量报告

测量内容	平行度误差	零件名称	凸台
测量工具和仪器		测量人员	
班级		日期	

一、测量目的

二、测量步骤

三、测量要领

四、结论（误差分析）

4. 不合格产品原因分析

归纳加工凸台时产生废品的原因及预防方法。

加工凸台时产生废品的原因及预防方法

废品种类	产生原因	预防方法
尺寸不对		
平行度误差		
表面粗糙度降级		

学习活动 4　工作总结与评价

学习目标

1. 能按分组情况，分别派代表展示工作成果，说明本次任务的完成情况，并作分析总结。

2. 能结合自身任务完成情况，正确规范地撰写工作总结（心得体会）。

3. 能就本次任务中出现的问题提出改进措施。

4. 能对学习与工作进行反思总结，并能与他人开展良好合作，进行有效的沟通。

建议学时　4 学时

学习过程

一、个人评价

按下表评分标准进行个人评价。

个人综合评价表

项目	序号	技术要求	配分	评分标准	得分
机床操作（20%）	1	正确开启机床、检查	4	不正确、不合理无分	
	2	机床返回参考点	4	不正确、不合理无分	
	3	程序的输入及修改	4	不正确、不合理无分	
	4	程序空运行轨迹检查	4	不正确、不合理无分	
	5	对刀的方式、方法	4	不正确、不合理无分	

续表

项目	序号	技术要求	配分	评分标准	得分
程序与工艺（20%）	6	程序格式规范	5	不合格每处扣2分	
	7	程序正确、完整	10	不合格每处扣3分	
	8	工艺合理	5	不合格每处扣2分	
模拟加工（10%）	9	正确应用数控仿真软件验证加工程序	10	出现一次错误操作扣5分	
零件质量（40%）	10	10 mm	2	不合格不得分	
	11	40 mm	2	不合格不得分	
	12	110 mm	2	不合格不得分	
	13	22 mm	3	不合格不得分	
	14	56 mm	3	不合格不得分	
	15	23 mm	3	不合格不得分	
	16	（56 ±0.02） mm	3	超差不得分	
	17	12 mm	3	不合格不得分	
	18	$R30$ mm	3	不合格不得分	
	19	$R28$ mm	3	不合格不得分	
	20	$7_{-0.05}^{0}$ mm	3	超差不得分	
	21	// 0.04 A	4	超差不得分	
	22	$Ra3.2$ μm	3	降级不得分	
	23	$Ra6.3$ μm	3	降级不得分	
安全文明生产（10%）	24	安全操作	5	不按安全操作规程操作全扣	
	25	机床清理	5	不合格全扣	
总 得 分					

二、小组评价

把个人加工好的凸台先进行分组展示，再由小组推荐代表作必要的介绍。在展示的过程中，以小组为单位进行评价；评价完成后，根据其他小组成员对本组展示成果的评价意见进行归纳总结。完成如下项目：

（1）展示的凸台符合技术标准吗？

很好□　　　一般□　　　不准确□

(2) 本小组介绍成果表达是否清晰?

很好□　　　一般，常补充□　　　不清晰□

(3) 本小组演示的凸台加工方法操作正确吗?

正确□　　　部分正确□　　　不正确□

(4) 本小组演示操作时遵循了“6S”的工作要求吗?

符合工作要求□　　　忽略了部分要求□　　　完全没有遵循□

(5) 本小组的检测量具、量仪保养完好吗?

良好□　　　一般□　　　不符合要求□

(6) 本小组的成员团队创新精神如何?

良好□　　　一般□　　　不足□

三、教师评价

教师对展示的作品分别作评价。

1. 找出各组的优点进行点评。

2. 对展示过程中各组的缺点进行点评，提出改进方法。

3. 对整个任务完成中出现的亮点和不足进行点评。

四、总结提升

1. 计算你所加工凸台的成本，包括材料、工时、工具及设备损耗，并调研其市场价格，两者的差价是多少?

2. 结合自身任务完成情况，撰写本次任务的工作总结（心得体会）。

工作总结（心得体会）

评价与分析

学习任务二评价表

班级			姓名			学号			
项目	自我评价			小组评价			教师评价		
	10～9	8～6	5～1	10～9	8～6	5～1	10～9	8～6	5～1
	占总评 10%			占总评 30%			占总评 60%		
学习活动 1									
学习活动 2									
学习活动 3									
学习活动 4									
表达能力									
协作精神									
纪律观念									
工作态度									
分析能力									
任务总体表现									
小计分									
总评分									

任课教师：________　　年　　月　　日

学习任务三　凹槽的加工

学习目标

1. 能正确识读和绘制凹槽图样。
2. 能分析凹槽的加工工艺，并正确填写数控加工工艺卡。
3. 能正确编制凹槽加工程序。
4. 能熟练应用数控仿真软件完成凹槽的模拟加工。
5. 能正确规范地装夹工件和数控铣刀，并正确进行数控铣刀的对刀。
6. 能根据加工要求，正确操作数控铣床，完成凹槽的加工。
7. 能按产品工艺流程和车间要求，进行产品交接并规范填写交接班记录。
8. 能严格按照车间管理规定，正确规范地保养数控铣床。
9. 能完成凹槽的检测，并根据检测结果分析误差产生的原因。
10. 能主动获取有效信息，展示工作成果，对学习与工作进行反思总结，并能与他人开展良好合作，进行有效的沟通。

建议学时

30 学时

工作情境描述

某模具企业定制一批凹模，数量为 10 件，来料加工，材料为 45 钢，毛坯尺寸为 112 mm×78 mm×25 mm，外表面已加工，加工内容为零件上表面的凹槽，交货期为 5 天。生产主管部门将该生产任务交予我们数控铣工组完成。

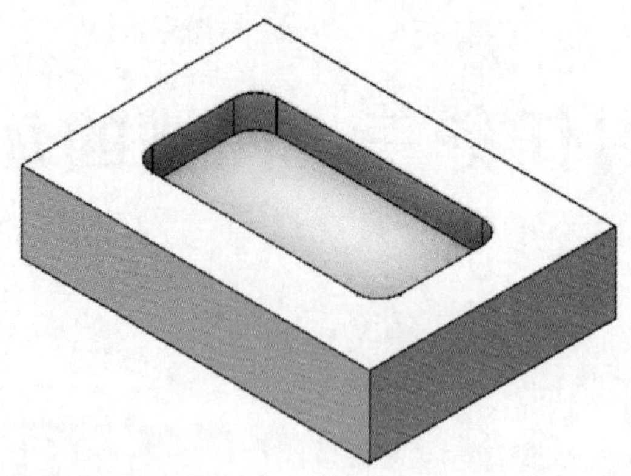

工作流程与活动

1. 图样分析与工艺准备
2. 程序编制与模拟加工
3. 凹槽的加工与检测
4. 工作总结与评价

学习活动 1　图样分析与工艺准备

学习目标

1. 能正确阅读生产任务单，明确加工任务，并能合理地制定工作进度计划。

2. 能正确识读和绘制凹槽零件图样。

3. 能分析制定凹槽加工工艺。

4. 能根据所用刀具材料及加工对象，查阅相关资料，确定切削用量。

5. 能叙述键槽铣刀的结构、用途，正确选用加工用键槽铣刀。

6. 能正确填写凹槽数控加工工艺卡。

建议学时　6 学时

学习过程

一、阅读生产任务单

生产任务单

需方单位名称				完成日期	年　月　日
序号	产品名称	材料	数量	技术标准、质量要求	
1	凹槽	45 钢	10 件	按图样要求	
2					
3					

续表

序号	产品名称	材料	数量	技术标准、质量要求		
4						
生产批准时间		年　月　日	批准人			
通知任务时间		年　月　日	发单人			
接单时间		年　月　日	接单人		生产班组	数控铣工组

1. 加工凹槽的难点有哪些？采用普通铣床能否完成凹槽的加工？

2. 本生产任务工期为 5 天，请依据任务要求，制订合理的工作进度计划，并根据小组成员的特点进行分工。

序号	工作内容	时间	成员	负责人
1	图样分析与工艺准备			
2	程序编制			
3	模拟加工			
4	加工			
5	成品检测与质量分析			

二、图样分析

凹槽零件图如下图所示。

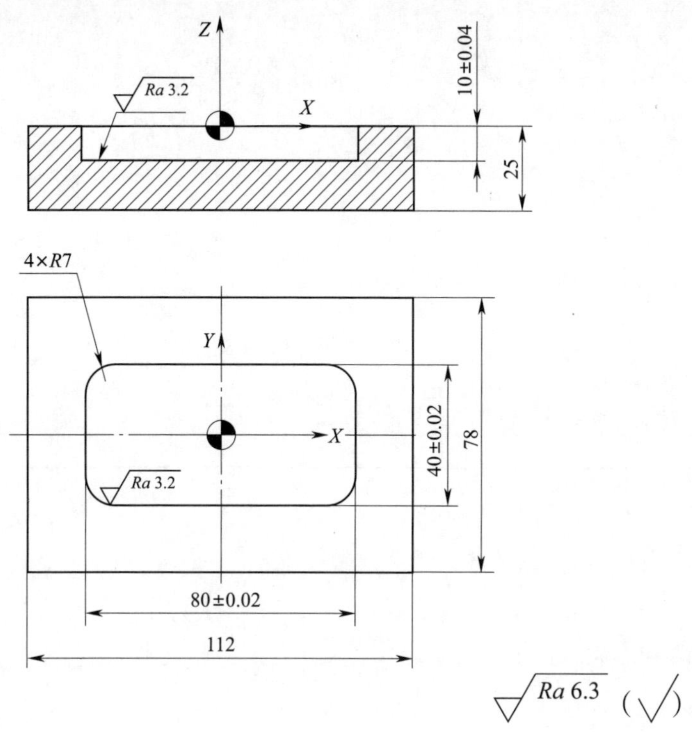

凹槽零件图

1. 分析零件图样，在下表中写出凹槽的主要加工尺寸、表面质量要求，并进行相应的尺寸公差计算，为零件的编程做准备。

序号	项目	内容	偏差范围（数值）
1	主要加工尺寸		
2			
3			
4			
5	表面质量要求		
6			

2．该零件的主要定位尺寸有哪些？定形尺寸有哪些？

定位尺寸：

定形尺寸：

3．抄绘凹槽零件图。

三、工艺分析

1．选择设备

你选择何种数控铣床加工凹槽零件？写出机床型号。

2. 确定凹槽零件的定位基准和装夹方式

由于凹槽零件外表面已加工，所以采用__________装夹工件，并选择____________和__________作为定位基准。

3. 确定凹槽的加工顺序

(1) 凹槽加工尺寸精度及侧面表面质量要求（$Ra3.2\ \mu m$）较高，故采用____________原则确定凹槽的加工顺序。

(2) 根据加工内容及加工原则，确定凹槽加工顺序。

4. 选择刀具

在立式数控铣床上加工凹槽常采用键槽铣刀，如下图所示。

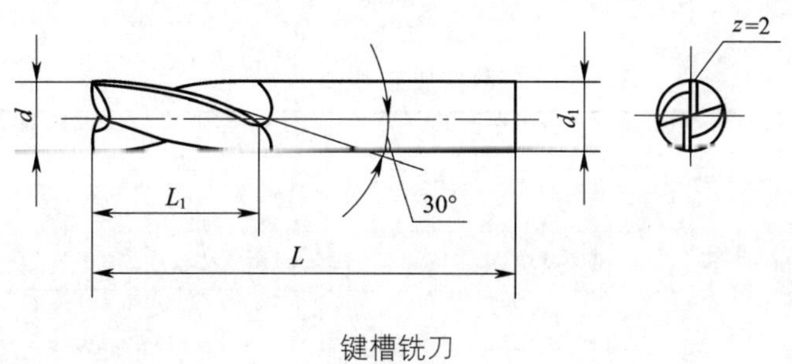

键槽铣刀

本次加工选用 ϕ ______铣刀，刀齿数为______齿。

5. 确定凹槽加工路线，并绘制加工路线图

6. 确定切削用量

（1）背吃刀量（a_p）

粗加工背吃刀量取 a_p = ________mm。

精加工背吃刀量取 a_p = ________mm。

（2）主轴转速（n）

粗加工时切削速度 v_c 取 30 m/min。

n = ________________________________。

精加工时切削速度 v_c 取 40 m/min。

n = ________________________________。

（3）进给速度（v_f）

粗加工时每齿进给量 f_z 取 0.05 mm/z。

$v_f = f_z \times z \times n$ = ______________________。

精加工时每齿进给量 f_z 取 0.04 mm/z。

$v_f = f_z \times z \times n$ = ______________________。

7. 填写数控加工工艺卡

数控加工工艺卡

<table>
<tr><td rowspan="2">单位名称</td><td colspan="2" rowspan="2"></td><td>产品名称</td><td colspan="2">零件名称</td><td colspan="2">零件图号</td></tr>
<tr><td></td><td colspan="2"></td><td colspan="2"></td></tr>
<tr><td>工序</td><td colspan="2">程序编号</td><td>夹具名称</td><td colspan="2">使用设备</td><td colspan="2">车间</td></tr>
<tr><td></td><td colspan="2"></td><td></td><td colspan="2"></td><td colspan="2"></td></tr>
<tr><td>工步</td><td colspan="2">工步内容</td><td>刀具规格
(mm)</td><td>主轴转速
(r/min)</td><td>进给速度
(mm/min)</td><td>背吃刀量
(mm)</td><td>备注</td></tr>
<tr><td></td><td colspan="2"></td><td></td><td></td><td></td><td></td><td></td></tr>
<tr><td></td><td colspan="2"></td><td></td><td></td><td></td><td></td><td></td></tr>
<tr><td></td><td colspan="2"></td><td></td><td></td><td></td><td></td><td></td></tr>
<tr><td></td><td colspan="2"></td><td></td><td></td><td></td><td></td><td></td></tr>
<tr><td></td><td colspan="2"></td><td></td><td></td><td></td><td></td><td></td></tr>
<tr><td></td><td colspan="2"></td><td></td><td></td><td></td><td></td><td></td></tr>
<tr><td></td><td colspan="2"></td><td></td><td></td><td></td><td></td><td></td></tr>
<tr><td></td><td colspan="2"></td><td></td><td></td><td></td><td></td><td></td></tr>
<tr><td>编制</td><td></td><td>审核</td><td></td><td>批准</td><td></td><td>共　页</td><td>第　页</td></tr>
</table>

学习活动 2　程序编制与模拟加工

学习目标

1. 能正确选用凹槽加工所用 G 指令。

2. 能根据所设定的加工路线，计算凹槽各基点的坐标值。

3. 能编制凹槽的加工程序。

4. 能熟练应用数控仿真软件模拟凹槽的加工，并能完善凹槽的加工程序。

建议学时　8 学时

学习过程

一、指令学习

列举加工凹槽所用的 G 指令。

G 指令	名称	编程格式

二、计算基点坐标值

根据所设计的加工路线及编程坐标系原点，计算各基点坐标值。

基点	坐标值	基点	坐标值

三、编制加工程序

1. 加工凹槽时，若按顺时针方向加工，应该采用刀具半径左补偿还是右补偿？为什么？

2. 编制凹槽加工程序

凹槽粗、精加工路线相同，粗、精加工可采用同一个程序。加工时，通过调整刀具半径和长度补偿值的大小实现粗、精加工。

程序	注释

续表

程序	注释

四、模拟加工

1．机床准备

（1）选择机床。

（2）启动机床。

（3）机床各轴回机床参考点。

（4）输入数控程序并校验。

2. 安装工件

（1）按照毛坯实际大小设定毛坯尺寸。

（2）选择夹具。

（3）放置零件并安装。

3. 设定刀具

设定即将使用的所有刀具，分别将参数输入到仿真软件数控铣床刀具库中。

4. 对刀

（1）*X*、*Y* 轴对刀

安装基准工具，以下图所示编程原点进行 *X*、*Y* 轴对刀。

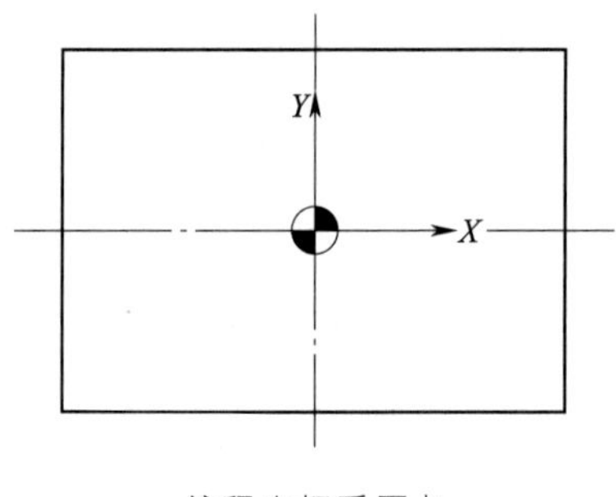

编程坐标系原点

（2）*Z* 轴对刀

将基准工具卸下，换上加工刀具，以零件上表面为编程原点进行 *Z* 轴对刀。

（3）对刀完毕后，使用 MDI 功能进行刀具位置校验，观察其是否符合要求。若符合要求，进行下一步操作，若不符合要求，找出错误原因。

5. 模拟加工

（1）运行程序，观察加工过程中是否出现程序编制错误、撞刀、过切、欠切、切削深度过大等报警信息的提示。若有，查找报警信息原因，修改加工程序。修改无误后再进行模拟加工。记录报警信息，并分析报警原因。

报警信息

报警信息	原因分析

(2) 仔细观察加工路径是否符合零件图样要求。若符合要求，进行下一步操作。若不符合要求，仔细查看加工程序，找出并记录问题原因，然后修改程序。修改无误后再进行模拟加工。

出现问题

问题	原因分析

五、模拟检测

1. 使用仿真软件的测量功能检验零件尺寸，填入下表，并判断尺寸是否合格。

凹槽模拟检测记录表

序号	技术要求	检测结果	结论
1	(10 ±0.04) mm		
2	(40 ±0.02) mm		
3	(80 ±0.02) mm		
4	4 × $R7$ mm		
凹槽检测结论			

2. 根据凹槽检测结果，修改不合格尺寸的加工程序。记录修改的内容。

3. 若 $R7$ mm 尺寸加工后的测量值为 $R7.2$ mm，分析是什么原因造成的。

学习活动 3　凹槽的加工与检测

学习目标

1. 能根据现场条件，查阅相关资料，确定符合加工技术要求的工、量、夹具和辅件。

2. 能按图样要求，测量毛坯外形尺寸，判断毛坯是否有足够的加工余量。

3. 能正确选择本次任务要用的切削液。

4. 能正确装夹工件，并对其进行找正。

5. 能正确规范地装夹键槽铣刀，并能正确进行键槽铣刀的对刀。

6. 能根据加工要求，正确操作数控铣床，完成凹槽的加工。

7. 能按产品工艺流程和车间要求，进行产品交接并规范填写交接班记录。

8. 能严格按照车间管理规定，正确规范地保养数控铣床。

9. 能完成凹槽的检测，并根据检测结果分析误差产生的原因。

建议学时　12 学时

学习过程

一、加工准备

1．领取工、量、刃具

领取工、量、刃具，并填写工、量、刃具清单。

工、量、刃具清单

序号	名称	规格	数量	备注
1				
2				
3				
4				
5				
6				
7				
8				
9				
10				

2．领取毛坯料

领取毛坯料，并测量毛坯外形尺寸，判断毛坯是否有足够的加工余量。记录所领毛坯料的实际尺寸。

3．选择切削液

根据加工对象及所用刀具，选择本次加工所用切削液，并记录切削液名称。

二、加工过程

1．机床准备

（1）启动机床。

（2）机床各轴回机床参考点。

（3）输入数控加工程序并校验。

2．安装工件

毛坯尺寸为112 mm×78 mm×25 mm，尺寸较小，并且毛坯件各面是已加工面，故选用精密平口钳装夹工件。装夹工件时，用百分表进行找正。

3．装夹刀具

正确装夹键槽铣刀，确保刀具牢固可靠。

4．对刀

首先设定主轴转速，然后通过试切法将工件坐标系相对于机床坐标系的 X、Y、Z 坐标值输入到G54相应的参数中。

5．输入刀具半径和长度补偿值

粗加工时，刀具半径补偿值为________mm，刀具长度补偿值为__________mm。

精加工时，刀具半径补偿值为________mm，刀具长度补偿值为__________mm。

6．加工

（1）转入自动加工模式，将G54参数中的 Z 值增大50 mm，空运行加工程序，验证加工轨迹是否正确。若轨迹正确，将G54参数中的 Z 值改为原值，进行下一步操作。若不正确，对照凹槽图样仔细检查加工程序对错，修改无误后进行下一步操作。分析并记录程序出错原因。

（2）采用单段方式对工件进行试切加工，并在加工过程中密切观察加工状态，如有异常现象应及时停机检查。分析并记录异常原因。

（3）粗加工完毕后，精确测量加工尺寸，根据测量结果，修改刀具半径和长度补偿值，再进行精加工。若粗加工尺寸误差较大，分析并记录误差原因。

（4）加工完毕后，检测零件加工尺寸是否符合图样要求。若合格，将工件卸下。若不合格，根据加工余量情况，确定是否进行修整加工。能修整的进行修整加工至图样要求。不能修整的，应详细分析、记录报废的原因并给出修改措施。

7. 根据零件加工路径，估算零件加工时间，并跟实际用时相比较。

8. 机床保养、清理场地

加工完毕后，正确放置零件，并进行产品交接确认；按照国家环保相关规定和车间要求整理现场，清扫切屑，保养机床，并正确处置废油液等废弃物；按车间规定填写交接班记录（附表1）和设备日常保养记录卡（附表2）。

三、检测与质量分析

1. 领取检测用工、量具

填写检测凹槽所需的工、量具。

检测用工、量具

序号	名称	规格（精度）	检测内容	备注

2. 凹槽成品检测

检测凹槽成品，并将检测结果填写在下表中。

凹槽检测记录表

序号	技术要求	检测结果	结论
1	(10 ±0.04) mm		
2	(40 ±0.02) mm		
3	(80 ±0.02) mm		
4	4 × $R7$ mm		
5	$Ra3.2$ μm		
6	$Ra6.3$ μm		
凹槽检测结论			

3. 不合格产品原因分析

归纳加工凹槽时产生废品的原因及预防方法。

加工凹槽时产生废品的原因及预防方法

废品种类	产生原因	预防方法
长度尺寸超差		
圆弧半径超差		
表面粗糙度降级		

学习活动 4　工作总结与评价

学习目标

1. 能按分组情况，分别派代表展示工作成果，说明本次任务的完成情况，并作分析总结。

2. 能结合自身任务完成情况，正确规范地撰写工作总结（心得体会）。

3. 能就本次任务中出现的问题提出改进措施。

4. 能对学习与工作进行反思总结，并能与他人开展良好合作，进行有效的沟通。

建议学时　4 学时

学习过程

一、个人评价

按下表评分标准进行个人评价。

个人综合评价表

项目	序号	技术要求	配分	评分标准	得分
机床操作（20%）	1	正确开启机床、检查	4	不正确、不合理无分	
	2	机床返回参考点	4	不正确、不合理无分	
	3	程序的输入及修改	4	不正确、不合理无分	
	4	程序空运行轨迹检查	4	不正确、不合理无分	
	5	对刀的方式、方法	4	不正确、不合理无分	

续表

项目	序号	技术要求	配分	评分标准	得分
程序与工艺（20%）	6	程序格式规范	5	不合格每处扣2分	
	7	程序正确、完整	10	不合格每处扣3分	
	8	工艺合理	5	不合格每处扣2分	
模拟加工（10%）	9	正确应用数控仿真软件验证加工程序	10	出现一次错误操作扣5分	
零件质量（40%）	10	(10±0.04) mm	8	超差不得分	
	11	(40±0.02) mm	8	超差不得分	
	12	(80±0.02) mm	8	超差不得分	
	13	$4\times R7$ mm	8	不合格不得分	
	14	$Ra3.2$ μm	4	降级不得分	
	15	$Ra6.3$ μm	4	降级不得分	
安全文明生产（10%）	16	安全操作	5	不按安全操作规程操作全扣	
	17	机床清理	5	不合格全扣	
总　得　分					

二、小组评价

把个人加工好的凹槽先进行分组展示，再由小组推荐代表作必要的介绍。在展示的过程中，以小组为单位进行评价；评价完成后，根据其他小组成员对本组展示成果的评价意见进行归纳总结。完成如下项目：

（1）展示的凹槽符合技术标准吗？

很好□　　一般□　　不准确□

（2）本小组介绍成果表达是否清晰？

很好□　　一般，常补充□　　不清晰□

（3）本小组演示的凹槽加工方法操作正确吗？

正确□　　部分正确□　　不正确□

（4）本小组演示操作时遵循了“6S”的工作要求吗？

符合工作要求□　　忽略了部分要求□　　完全没有遵循□

(5) 本小组的检测量具、量仪保养完好吗?

良好□　　　一般□　　　不符合要求□

(6) 本小组的成员团队创新精神如何?

良好□　　　一般□　　　不足□

三、教师评价

教师对展示的作品分别作评价。

1. 找出各组的优点进行点评。

2. 对展示过程中各组的缺点进行点评，提出改进方法。

3. 对整个任务完成中出现的亮点和不足进行点评。

四、总结提升

1. 计算你所加工凹槽的成本，包括材料、工时、工具及设备损耗，并调研其市场价格，两者的差价是多少?

2. 结合自身任务完成情况，撰写本次任务的工作总结（心得体会）。

工作总结（心得体会）

评价与分析

学习任务三评价表

班级			姓名			学号			
项目	自我评价			小组评价			教师评价		
	10～9	8～6	5～1	10～9	8～6	5～1	10～9	8～6	5～1
	占总评 10%			占总评 30%			占总评 60%		
学习活动 1									
学习活动 2									
学习活动 3									
学习活动 4									
表达能力									
协作精神									
纪律观念									
工作态度									
分析能力									
任务总体表现									
小计分									
总评分									

任课教师：________ 年 月 日

学习任务四　端盖的加工

学习目标

1. 能正确识读和绘制端盖图样。

2. 能分析端盖的加工工艺，并正确填写数控加工工艺卡。

3. 能正确编制端盖加工程序。

4. 能熟练应用数控仿真软件完成端盖的模拟加工。

5. 能正确规范地装夹工件和数控铣刀，并正确进行数控铣刀的对刀。

6. 能根据加工要求，正确操作数控铣床，完成端盖的加工。

7. 能按产品工艺流程和车间要求，进行产品交接并规范填写交接班记录。

8. 能严格按照车间管理规定，正确规范地保养数控铣床。

9. 能完成端盖的检测，并根据检测结果分析误差产生的原因。

10. 能主动获取有效信息，展示工作成果，对学习与工作进行反思总结，并能与他人开展良好合作，进行有效的沟通。

建议学时

30 学时

工作情境描述

某企业定制一批设备端盖，数量为 10 件，来料加工，材料为 45 钢，毛坯尺寸为 160 mm×110 mm×25 mm，外表面已加工，加工内容为零件上表面的圆形凸台和 5 个孔，交货期为 5 天。生产主管部门将该生产任务交予我们数控铣工组完成。

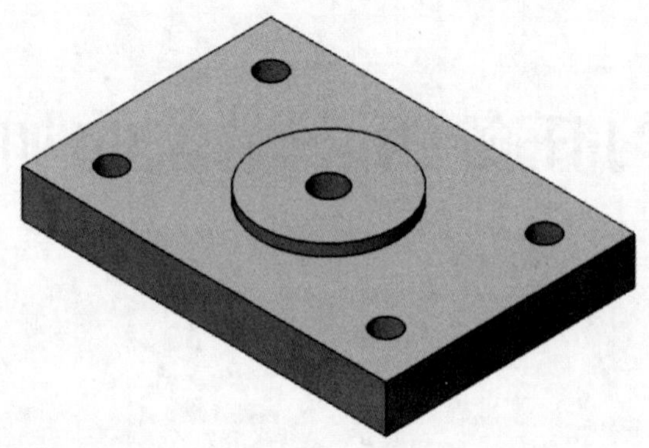

工作流程与活动

1. 图样分析与工艺准备
2. 程序编制与模拟加工
3. 端盖的加工与检测
4. 工作总结与评价

学习活动 1　图样分析与工艺准备

学习目标

1. 能正确阅读生产任务单，明确加工任务，并能合理地制定工作进度计划。

2. 能正确识读和绘制端盖图样。

3. 能正确分析端盖的加工工艺。

4. 能根据所用刀具材料及加工对象，查阅相关资料，确定切削用量。

5. 能叙述中心钻、麻花钻、铰刀等孔加工刀具的结构、用途并正确选用。

6. 能正确填写端盖数控加工工艺卡。

建议学时　6 学时

学习过程

一、阅读生产任务单

生产任务单

需方单位名称				完成日期	年　月　日
序号	产品名称	材料	数量	技术标准、质量要求	
1	端盖	45 钢	10 件	按图样要求	
2					
3					

续表

<table>
<tr><th>序号</th><th>产品名称</th><th>材料</th><th>数量</th><th colspan="3">技术标准、质量要求</th></tr>
<tr><td>4</td><td></td><td></td><td></td><td colspan="3"></td></tr>
<tr><td colspan="2">生产批准时间</td><td>年 月 日</td><td>批准人</td><td></td><td></td><td></td></tr>
<tr><td colspan="2">通知任务时间</td><td>年 月 日</td><td>发单人</td><td></td><td></td><td></td></tr>
<tr><td colspan="2">接单时间</td><td>年 月 日</td><td>接单人</td><td></td><td>生产班组</td><td>数控铣工组</td></tr>
</table>

1. 该任务加工的难点有哪些？端盖适合在普通铣床上加工吗？

2. 本生产任务工期为 5 天，请依据任务要求，制订合理的工作进度计划，并根据小组成员的特点进行分工。

序号	工作内容	时间	成员	负责人
1	图样分析与工艺准备			
2	程序编制			
3	模拟加工			
4	加工			
5	成品检测与质量分析			

二、图样分析

端盖零件图如下图所示。

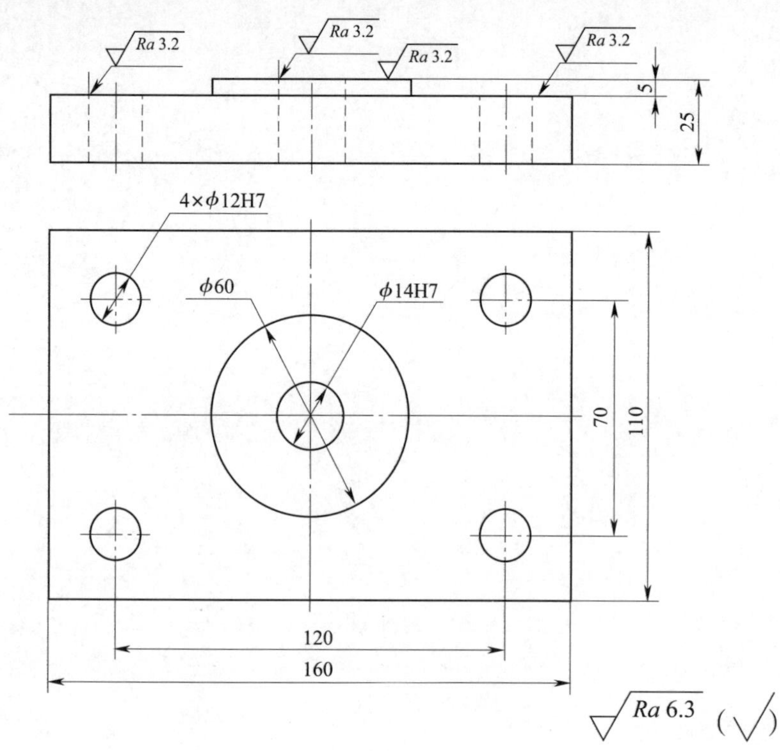

端盖零件图

1. 分析零件图样，在下表中写出端盖的主要加工尺寸、表面质量要求，并进行相应的尺寸公差计算，为零件的编程做准备。

序号	项目	内容	偏差范围（数值）
1	主要加工尺寸		
2			
3			
4			
5			
6			
7	表面质量要求		
8			

2. 该零件的主要定位尺寸有哪些？定形尺寸有哪些？

定位尺寸：

定形尺寸：

3. 抄绘端盖零件图。

三、工艺分析

1．选择设备

你选择何种数控铣床加工端盖？写出机床型号。

2．确定端盖零件的定位基准和装夹方式

由于端盖毛坯外表面已加工，所以采用__________装夹工件，并选择____________和________作为定位基准。

3．确定加工顺序

（1）先加工圆形凸台还是先加工孔？为什么？

（2）在圆形凸台加工中，是否需要粗、精加工分开？为什么？

（3）如何加工 ϕ12H7 孔?

（4）如何加工 ϕ14H7 孔?

（5）确定端盖加工顺序。

4. 选择刀具

（1）加工圆形凸台选用何种刀具?

（2）加工 ϕ12H7 孔选用何种刀具？

（3）加工 ϕ14H7 孔选用何种刀具？

（4）填写刀具卡

根据加工内容确定加工刀具，并填写刀具卡。

刀具卡

工步	加工内容	刀　具				
		刀具类型	刀具直径（mm）	主轴转速（r/min）	进给速度（mm/min）	背吃刀量（mm）

5. 确定加工路线

（1）设计圆形凸台加工路线，绘制加工路线图。

（2）设计孔的加工路线，绘制加工路线图。

6. 确定切削用量

根据所选刀具及加工内容，确定切削用量，并填入数控加工工艺卡中。

7. 填写数控加工工艺卡

数控加工工艺卡

<table>
<tr><td rowspan="2">单位名称</td><td colspan="2" rowspan="2"></td><td>产品名称</td><td colspan="2">零件名称</td><td colspan="2">零件图号</td></tr>
<tr><td></td><td colspan="2"></td><td colspan="2"></td></tr>
<tr><td>工序</td><td colspan="2">程序编号</td><td>夹具名称</td><td colspan="2">使用设备</td><td colspan="2">车间</td></tr>
<tr><td></td><td colspan="2"></td><td></td><td colspan="2"></td><td colspan="2"></td></tr>
<tr><td>工步</td><td colspan="2">工步内容</td><td>刀具规格
（mm）</td><td>主轴转速
（r/min）</td><td>进给速度
（mm/min）</td><td>背吃刀量
（mm）</td><td>备注</td></tr>
<tr><td></td><td colspan="2"></td><td></td><td></td><td></td><td></td><td></td></tr>
<tr><td></td><td colspan="2"></td><td></td><td></td><td></td><td></td><td></td></tr>
<tr><td></td><td colspan="2"></td><td></td><td></td><td></td><td></td><td></td></tr>
<tr><td></td><td colspan="2"></td><td></td><td></td><td></td><td></td><td></td></tr>
<tr><td></td><td colspan="2"></td><td></td><td></td><td></td><td></td><td></td></tr>
<tr><td></td><td colspan="2"></td><td></td><td></td><td></td><td></td><td></td></tr>
<tr><td></td><td colspan="2"></td><td></td><td></td><td></td><td></td><td></td></tr>
<tr><td></td><td colspan="2"></td><td></td><td></td><td></td><td></td><td></td></tr>
<tr><td>编制</td><td></td><td>审核</td><td></td><td>批准</td><td></td><td>共　页</td><td>第　页</td></tr>
</table>

学习活动 2　程序编制与模拟加工

学习目标

1. 能叙述常用孔加工固定循环功能指令的动作及其用途。

2. 能根据所设定的加工路线，计算端盖各基点的坐标值。

3. 能编制端盖加工程序。

4. 能熟练应用数控仿真软件模拟端盖的加工，并能完善端盖的加工程序。

建议学时　8 学时

学习过程

一、指令学习

1. 下表列出了 FANUC 系统常用孔加工固定循环功能指令，填写表中各指令的动作及其用途。

FANUC 系统常用孔加工固定循环功能指令

G 代码	加工动作（−Z 方向）	孔底部动作	退刀动作（+Z 方向）	用途
G73				
G74				
G76				
G80				
G81				

续表

G代码	加工动作（-Z方向）	孔底部动作	退刀动作（+Z方向）	用途
G82				
G83				
G84				
G85				
G86				
G87				
G88				
G89				

2. 写出孔加工循环的通用编程格式，并解释各参数的含义。

3. 孔加工固定循环通常由六个动作组成，如下图所示，试说明各动作的内容。

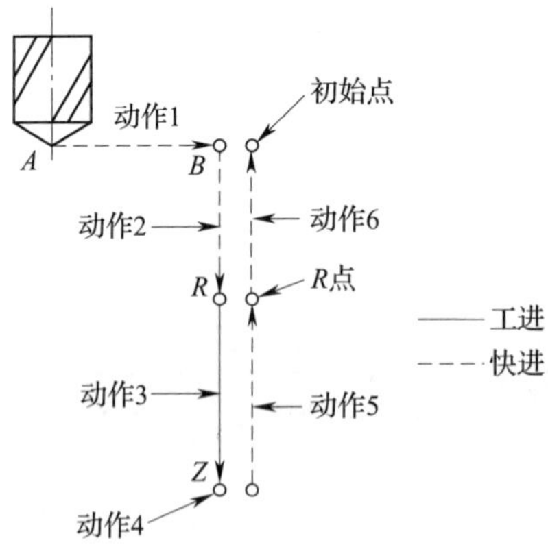

固定循环动作图

4. 初始平面与 R 平面有何不同？返回初始平面采用什么指令？返回 R 平面采用什么指令？

5. 在下图中标出初始平面、R 平面和孔底平面。

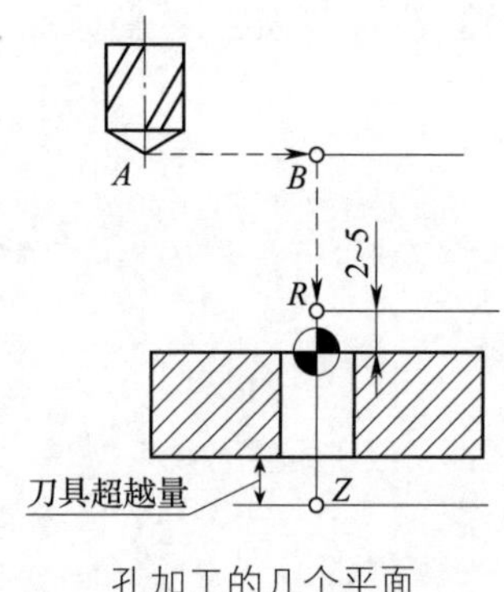

孔加工的几个平面

6. G81 指令有何用途？写出其编程格式，并解释各参数的含义。

7. G83 指令有何用途？写出其编程格式，并解释各参数的含义。

二、计算基点坐标值

1. 根据端盖图样及圆形凸台加工路线图，确定工件坐标系，并计算各基点的坐标值。

2. 根据端盖图样及孔的加工路线图，确定工件坐标系，并计算各基点的坐标值。

三、编制加工程序

1. 根据设定的加工路线图及工件坐标系，编制圆形凸台加工程序。

圆形凸台加工程序

程序	注释

续表

程序	注释

2. 根据设定的加工路线图及工件坐标系，编制孔的加工程序。

孔加工程序

程序	注释

续表

程序	注释

四、模拟加工

1．机床准备

（1）选择机床。

（2）启动机床。

（3）机床各轴回机床参考点。

（4）输入数控程序并校验。

2．安装工件

（1）按照毛坯实际大小设定毛坯尺寸。

（2）选择夹具。

（3）放置零件并安装。

3．设定刀具

设定即将使用的所有刀具，分别将参数输入到数控仿真软件刀具库中。

4．对刀

（1）X、Y 轴对刀

安装基准工具，以下图所示编程原点，进行 X、Y 轴对刀。

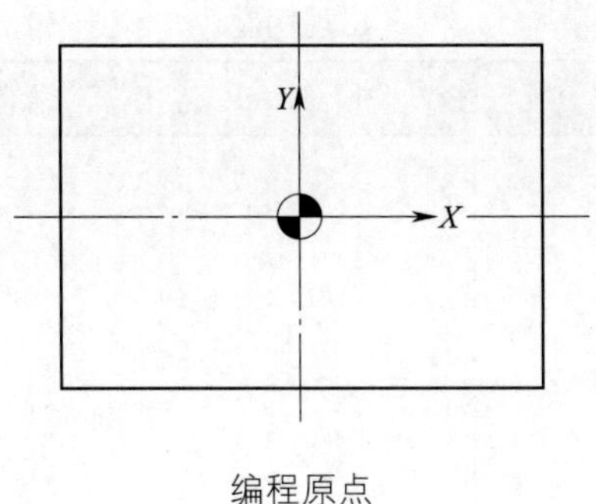

编程原点

（2）*Z* 轴对刀

将基准工具卸下，换上加工刀具，以零件上表面为编程原点进行 *Z* 轴对刀。

（3）对刀完毕后，使用 MDI 功能进行刀具位置校验，观察其是否符合要求。若符合要求，进行下一步操作，若不符合要求，找出并记录错误原因。

5. 模拟加工

（1）运行程序，观察加工过程中是否出现程序编制错误、撞刀、过切、欠切、切削深度过大等报警信息的提示。若有，查找报警信息原因，修改加工程序。修改无误后再进行模拟加工。记录报警信息，并分析报警原因。

报警信息

报警信息	原因分析

（2）仔细观察加工路径是否符合零件图样要求。若符合要求，进行下一步操作。若不符合要求，仔细查看加工程序，找出并记录问题原因，然后修改程序。修改无误后再进行模拟加工。

出现问题

问题	原因分析

五、模拟检测

1. 使用仿真软件的测量功能检验零件尺寸，填入下表，并判断尺寸是否合格。

端盖模拟检测记录表

序号	技术要求	检测结果	结论
1	5 mm		
2	70 mm		
3	120 mm		
4	$4\times\phi12H7$		
5	$\phi14H7$		
6	$\phi60$ mm		
端盖检测结论			

2. 根据端盖检测结果，修改不合格尺寸的加工程序。记录修改的内容。

学习活动3　端盖的加工与检测

学习目标

1. 能根据现场条件，查阅相关资料，确定符合加工技术要求的工、量、夹具和辅件。

2. 能按图样要求，测量毛坯外形尺寸，判断毛坯是否有足够的加工余量。

3. 能正确选择本次任务要用的切削液。

4. 能正确装夹工件，并对其进行找正。

5. 能正确规范地装夹立铣刀、中心钻、麻花钻、扩孔钻、铰孔钻等刀具，并能正确进行立铣刀、中心钻、麻花钻、扩孔钻、铰孔钻等刀具的对刀。

6. 能根据加工要求，正确操作数控铣床，完成端盖的加工。

7. 能按产品工艺流程和车间要求，进行产品交接并规范填写交接班记录。

8. 能严格按照车间管理规定，正确规范地保养数控铣床。

9. 能完成端盖的检测，并根据检测结果分析误差产生的原因。

建议学时　12学时

学习过程

一、加工准备

1. 领取工、量、刃具

领取工、量、刃具，并填写工、量、刃具清单。

工、量、刃具清单

序号	名称	规格	数量	备注
1				
2				
3				
4				
5				
6				
7				
8				
9				
10				

2. 领取毛坯料

领取毛坯料，并测量毛坯外形尺寸，判断毛坯是否有足够的加工余量。记录所领毛坯料的实际尺寸。

3．选择切削液

根据加工对象及所用刀具，选择本次加工所用切削液，并记录切削液名称。

二、加工过程

1．机床准备

（1）启动机床。

（2）机床各轴回机床参考点。

（3）输入数控加工程序并校验。

2．安装工件

毛坯尺寸为 160 mm × 110 mm × 25 mm，尺寸较小，并且毛坯件各面是已加工面，故选用__________装夹工件。装夹工件时，用__________进行找正。为避免钻到钳身可加适当厚度的垫板。

3．装夹刀具

正确装夹立铣刀、中心钻、麻花钻、扩孔钻、铰孔钻等刀具，确保刀具牢固可靠。

4．对刀

测量所选用刀具的长度并记录。将第一把刀作为基准刀进行对刀。通过试切法将工件坐标系相对于机床坐标系的 X、Y、Z 坐标值输入到 G54 相应的参数中。根据加工内容和所用刀具，将其他刀具与基准刀的长度差值输入到相应的参数中。

5. 输入刀具半径补偿值

加工圆形凸台时，凸台外形轮廓有一定的尺寸精度和表面粗糙度要求，加工时用改变刀补的方法实现工件的粗、精加工。粗加工时，设置刀具半径补偿值要大于刀具实际半径；精加工时，根据测量结果设置刀具半径补偿值。记录粗加工的次数及所用刀具半径补偿值。

6. 加工

（1）转入自动加工模式，将 G54 参数中的 *Z* 值增大 50 mm，空运行加工程序，验证加工轨迹是否正确。若轨迹正确，将 G54 参数中的 *Z* 值改为原值，进行下一步操作。若不正确，对照端盖图样仔细检查加工程序对错，修改无误后，进行下一步操作。分析并记录程序出错原因。

（2）采用单段方式对工件进行试切加工，并在加工过程中密切观察加工状态，如有异常现象应及时停机检查。分析并记录异常原因。

(3) 加工完毕后，检测零件加工尺寸是否符合图样要求。若合格，将工件卸下。若不合格，根据加工余量情况，确定是否进行修整加工。能修整的进行修整加工至图样要求。不能修整的，应详细分析、记录报废的原因并给出修改措施。

7. 根据零件加工路径，估算零件加工时间，并跟实际用时相比较。

8. 机床保养、清理场地

加工完毕后，正确放置零件，并进行产品交接确认；按照国家环保相关规定和车间要求整理现场，清扫切屑，保养机床，并正确处置废油液等废弃物；按车间规定填写交接班记录（附表1）和设备日常保养记录卡（附表2）。

三、检测与质量分析

1. 选用内孔测量用量具

孔径尺寸精度要求较低时，可采用直尺、内卡钳或游标卡尺进行测量。当孔的精度要求较高时，可以用以下几种量具进行测量。

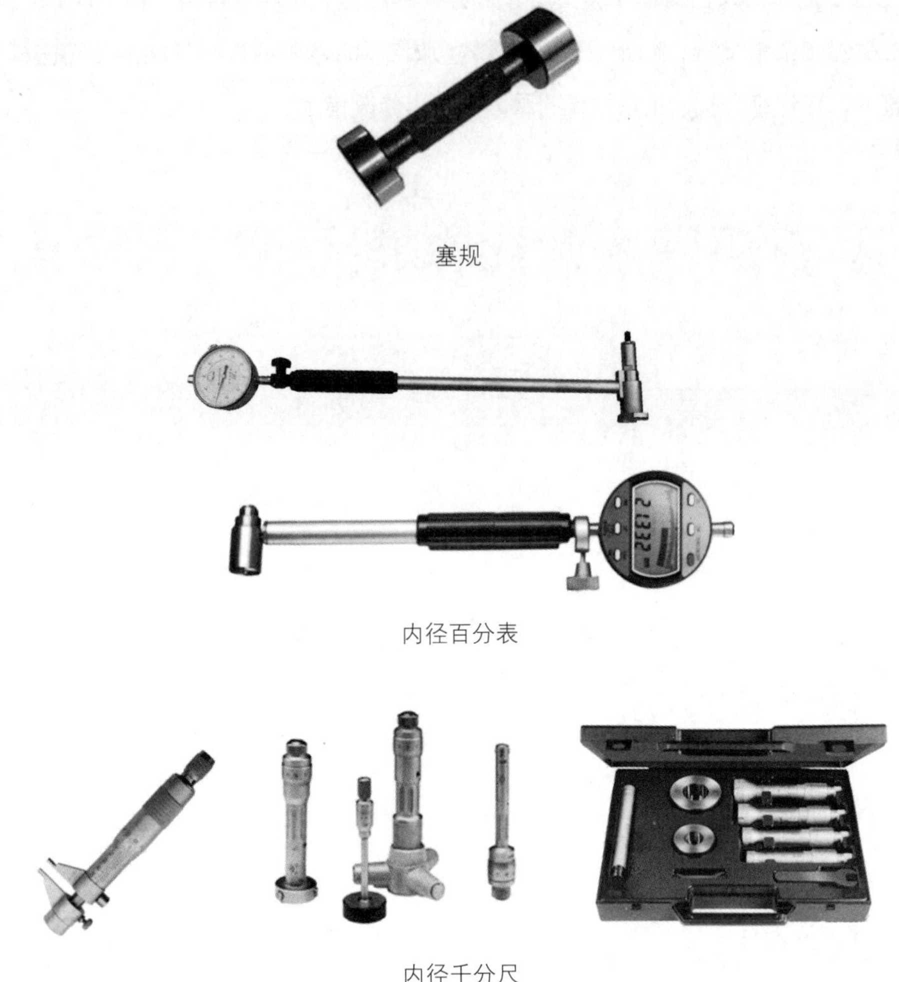

塞规

内径百分表

内径千分尺

你选用哪种量具测量端盖的 ϕ12H7 和 ϕ14H7 孔?

2．填写检测端盖所需的工、量具。

检测用工、量具

序号	名称	规格（精度）	检测内容	备注

3．端盖成品检测

检测端盖成品，并将检测结果填写在下表中。

端盖检测记录表

序号	技术要求	检测结果	结论
1	5 mm		
2	70 mm		
3	120 mm		
4	$4\times\phi12H7$		
5	$\phi14H7$		
6	$\phi60$ mm		
7	$Ra3.2$ μm		
8	$Ra6.3$ μm		
端盖检测结论			

4．不合格产品原因分析

归纳加工端盖时产生废品的原因及预防方法。

加工端盖时产生废品的原因及预防方法

废品种类	产生原因	预防方法
凸台高度尺寸不正确		
内孔尺寸误差		
表面粗糙度降级		

学习活动 4　工作总结与评价

学习目标

1. 能按分组情况，分别派代表展示工作成果，说明本次任务的完成情况，并作分析总结。

2. 能结合自身任务完成情况，正确规范地撰写工作总结（心得体会）。

3. 能就本次任务中出现的问题提出改进措施。

4. 能对学习与工作进行反思总结，并能与他人开展良好合作，进行有效的沟通。

建议学时　4 学时

学习过程

一、个人评价

按下表评分标准进行个人评价。

个人综合评价表

项目	序号	技术要求	配分	评分标准	得分
机床操作（20%）	1	正确开启机床、检查	4	不正确、不合理无分	
	2	机床返回参考点	4	不正确、不合理无分	
	3	程序的输入及修改	4	不正确、不合理无分	
	4	程序空运行轨迹检查	4	不正确、不合理无分	
	5	对刀的方式、方法	4	不正确、不合理无分	

续表

项目	序号	技术要求	配分	评分标准	得分
程序与工艺（20%）	6	程序格式规范	5	不合格每处扣2分	
	7	程序正确、完整	10	不合格每处扣3分	
	8	工艺合理	5	不合格每处扣2分	
模拟加工（10%）	9	正确应用数控仿真软件验证加工程序	10	出现一次错误操作扣5分	
零件质量（40%）	10	5 mm	5	不合格不得分	
	11	70 mm	5	不合格不得分	
	12	120 mm	5	不合格不得分	
	13	$4\times\phi12H7$	5	超差不得分	
	14	$\phi14H7$	5	超差不得分	
	15	$\phi60$ mm	5	不合格不得分	
	16	$Ra3.2\ \mu m$	5	降级不得分	
	17	$Ra6.3\ \mu m$	5	降级不得分	
安全文明生产（10%）	18	安全操作	5	不按安全操作规程操作全扣	
	19	机床清理	5	不合格全扣	
总　得　分					

二、小组评价

把个人加工好的端盖先进行分组展示，再由小组推荐代表作必要的介绍。在展示的过程中，以小组为单位进行评价；评价完成后，根据其他小组成员对本组展示成果的评价意见进行归纳总结。完成如下项目：

（1）展示的端盖符合技术标准吗？

很好□　　　一般□　　　不准确□

（2）本小组介绍成果表达是否清晰？

很好□　　　一般，常补充□　　　不清晰□

（3）本小组演示的端盖加工方法操作正确吗？

正确□　　　部分正确□　　　不正确□

（4）本小组演示操作时遵循了“6S”的工作要求吗？

符合工作要求□　　　忽略了部分要求□　　　完全没有遵循□

（5）本小组的检测量具、量仪保养完好吗？

良好□　　　一般□　　　不符合要求□

（6）本小组的成员团队创新精神如何？

良好□　　　一般□　　　不足□

三、教师评价

教师对展示的作品分别作评价。

1. 找出各组的优点进行点评。

2. 对展示过程中各组的缺点进行点评，提出改进方法。

3. 对整个任务完成中出现的亮点和不足进行点评。

四、总结提升

1. 计算你所加工端盖的成本，包括材料、工时、工具及设备损耗，并调研其市场价格，两者的差价是多少?

2. 结合自身任务完成情况，撰写本次任务的工作总结（心得体会）。

工作总结（心得体会）

评价与分析

学习任务四评价表

班级			姓名			学号			
项目	自我评价			小组评价			教师评价		
	10~9	8~6	5~1	10~9	8~6	5~1	10~9	8~6	5~1
	占总评10%			占总评30%			占总评60%		
学习活动1									
学习活动2									
学习活动3									
学习活动4									
表达能力									
协作精神									
纪律观念									
工作态度									
分析能力									
任务总体表现									
小计分									
总评分									

任课教师：________ 年 月 日

学习任务五　凸轮槽的加工

学习目标

1. 能正确识读和绘制凸轮槽图样。

2. 能分析凸轮槽的加工工艺，并正确填写数控加工工艺卡。

3. 能正确编制凸轮槽加工程序。

4. 能熟练应用数控仿真软件完成凸轮槽的模拟加工。

5. 能正确规范地装夹工件和数控铣刀，并正确进行数控铣刀的对刀。

6. 能根据加工要求，正确操作数控铣床，完成凸轮槽的加工。

7. 能按产品工艺流程和车间要求，进行产品交接并规范填写交接班记录。

8. 能严格按照车间管理规定，正确规范地保养数控铣床。

9. 能完成凸轮槽的检测，并根据检测结果分析误差产生的原因。

10. 能主动获取有效信息，展示工作成果，对学习与工作进行反思总结，并能与他人开展良好合作，进行有效的沟通。

建议学时

30 学时

工作情境描述

某企业定制一批凸轮槽零件，数量为 5 件，来料加工，材料为 45 钢，毛坯尺寸为 80 mm × 80 mm × 20 mm，外表面已加工，加工内容为上表面的凸轮槽外轮廓、凸轮槽、中间岛屿及孔等，交货期为 5 天。生产主管部门将该生产任务交予我们数控铣工组完成。

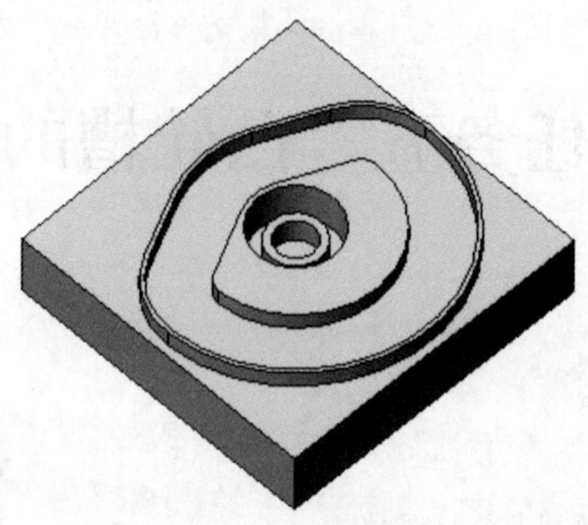

工作流程与活动

1. 图样分析与工艺准备
2. 程序编制与模拟加工
3. 凸轮槽的加工与检测
4. 工作总结与评价

学习活动1 图样分析与工艺准备

学习目标

1. 能正确阅读生产任务单，明确加工任务，并能合理地制定工作进度计划。

2. 能正确识读和绘制凸轮槽零件图样。

3. 能分析制定凸轮槽的加工工艺。

4. 能根据所用刀具材料及加工对象，查阅相关资料，确定切削用量。

5. 能正确填写凸轮槽数控加工工艺卡。

建议学时 6学时

学习过程

一、阅读生产任务单

生产任务单

<table>
<tr><td colspan="2">需方单位名称</td><td colspan="2"></td><td>完成日期</td><td colspan="2">年 月 日</td></tr>
<tr><td>序号</td><td>产品名称</td><td>材料</td><td>数量</td><td colspan="3">技术标准、质量要求</td></tr>
<tr><td>1</td><td>凸轮槽</td><td>45钢</td><td>5件</td><td colspan="3">按图样要求</td></tr>
<tr><td>2</td><td></td><td></td><td></td><td colspan="3"></td></tr>
<tr><td>3</td><td></td><td></td><td></td><td colspan="3"></td></tr>
<tr><td>4</td><td></td><td></td><td></td><td colspan="3"></td></tr>
<tr><td colspan="2">生产批准时间</td><td>年 月 日</td><td>批准人</td><td></td><td></td><td></td></tr>
<tr><td colspan="2">通知任务时间</td><td>年 月 日</td><td>发单人</td><td></td><td></td><td></td></tr>
<tr><td colspan="2">接单时间</td><td>年 月 日</td><td>接单人</td><td></td><td>生产班组</td><td>数控铣工组</td></tr>
</table>

1. 本任务加工的难点有哪些？凸轮槽适合在普通铣床上加工吗？

2. 本生产任务工期为 5 天，请依据任务要求，制订合理的工作进度计划，并根据小组成员的特点进行分工。

序号	工作内容	时间	成员	负责人
1	图样分析与工艺准备			
2	程序编制			
3	模拟加工			
4	加工			
5	成品检测与质量分析			

二、图样分析

凸轮槽零件图如下图所示。

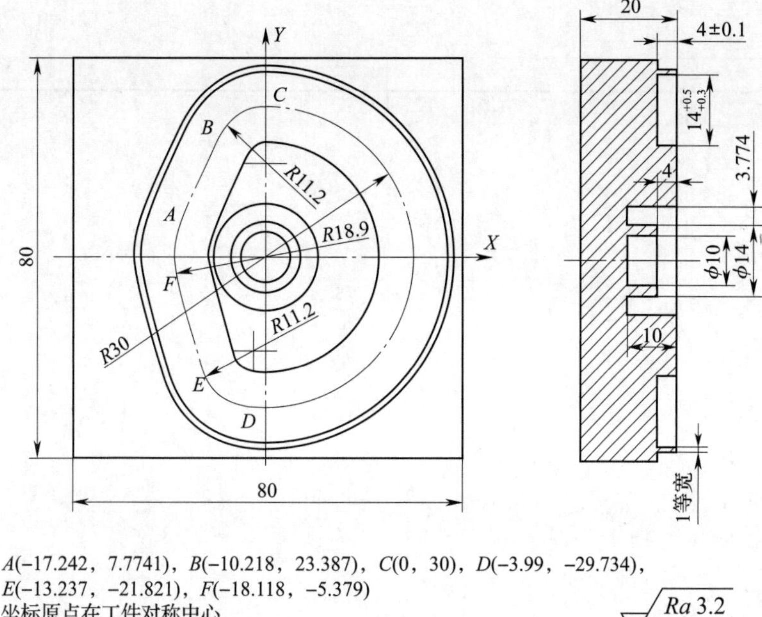

技术要求

1. 毛坯尺寸：80×80×20，外形不加工。
2. 未注公差的尺寸允许误差±0.07。

凸轮槽零件图

1．分析零件图样，在下表中写出凸轮槽的主要加工尺寸、表面质量要求，并进行相应的尺寸公差计算，为零件的编程做准备。

序号	项目	内容	偏差范围（数值）
1			
2			
3			
4			
5			
6	主要加工尺寸		
7			
8			
9			
10			
11			
12	表面质量要求		

2．抄绘凸轮槽零件图。

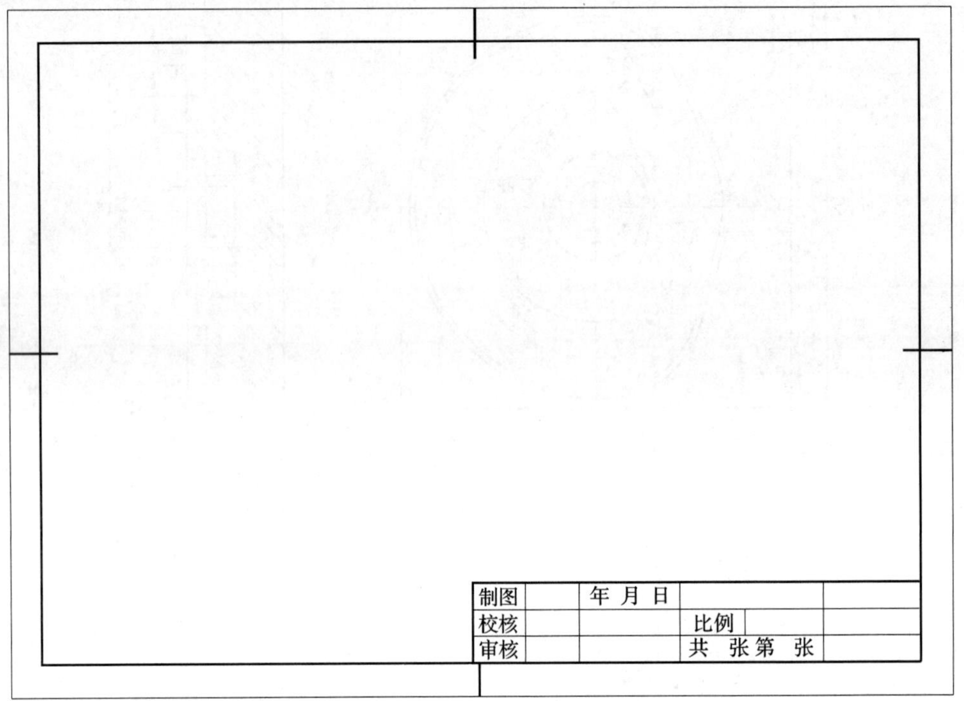

三、工艺准备

1．选择设备

你选择何种数控铣床加工凸轮槽？写出机床型号。

2．确定凸轮槽零件的定位基准和装夹方式

由于凸轮槽零件外表面已加工，所以采用__________装夹工件，并选择____________和________作为定位基准。

3．确定凸轮槽的加工工艺

图样中只给出了凸轮槽中线的坐标尺寸和槽宽尺寸（槽宽的编程尺寸取 14.4 mm），可以据此编制加工程序，通过更换刀具和合理修调刀具半径补偿值的方法完成整个零件的加工。

（1）下图为凸轮槽的加工过程图，确定各图所加工的内容，填入下表。

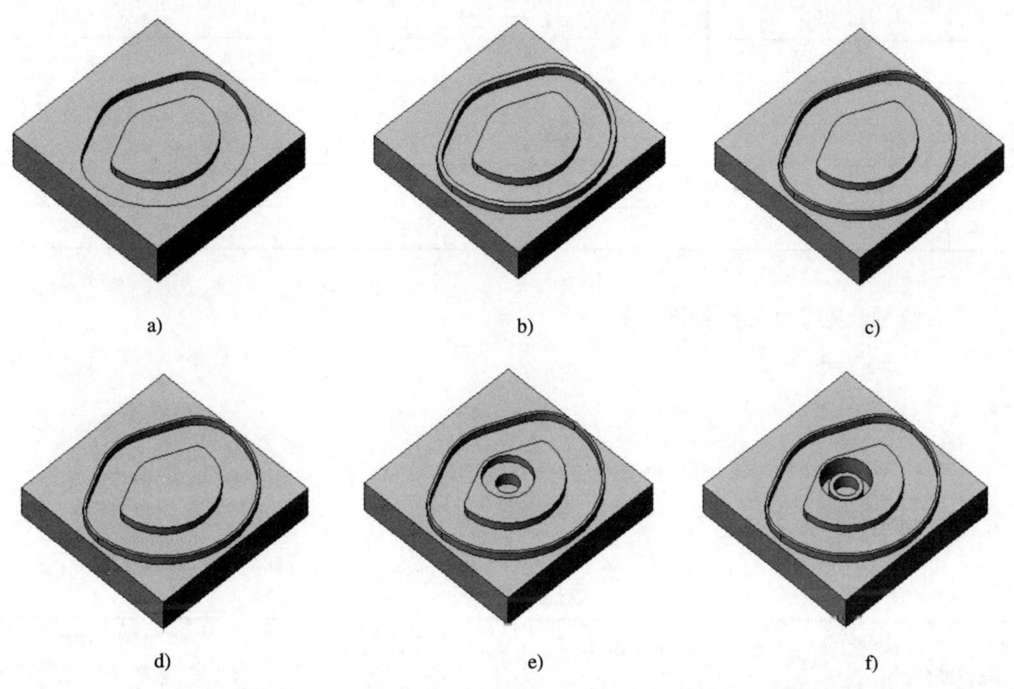

凸轮槽的加工过程图

加工过程

工步	加工内容
a	
b	
c	
d	
e	
f	

（2）根据凸轮槽的加工过程图确定加工刀具，并填写刀具卡。

刀具卡

<table>
<tr><th rowspan="2">工步</th><th rowspan="2">加工内容</th><th colspan="5">刀具</th></tr>
<tr><th>刀具类型</th><th>刀具直径
（mm）</th><th>主轴转速
（r/min）</th><th>进给速度
（mm/min）</th><th>背吃刀量
（mm）</th></tr>
<tr><td></td><td></td><td></td><td></td><td></td><td></td><td></td></tr>
<tr><td></td><td></td><td></td><td></td><td></td><td></td><td></td></tr>
<tr><td></td><td></td><td></td><td></td><td></td><td></td><td></td></tr>
<tr><td></td><td></td><td></td><td></td><td></td><td></td><td></td></tr>
<tr><td></td><td></td><td></td><td></td><td></td><td></td><td></td></tr>
<tr><td></td><td></td><td></td><td></td><td></td><td></td><td></td></tr>
</table>

（3）绘制凸轮槽加工路线图。

（4）填写数控加工工艺卡。

数控加工工艺卡

<table>
<tr><td rowspan="2">单位名称</td><td colspan="2" rowspan="2"></td><td>产品名称</td><td colspan="2">零件名称</td><td colspan="2">零件图号</td></tr>
<tr><td></td><td colspan="2"></td><td colspan="2"></td></tr>
<tr><td>工序</td><td colspan="2">程序编号</td><td>夹具名称</td><td colspan="2">使用设备</td><td colspan="2">车间</td></tr>
<tr><td></td><td colspan="2"></td><td></td><td colspan="2"></td><td colspan="2"></td></tr>
<tr><td>工步</td><td colspan="2">工步内容</td><td>刀具规格
（mm）</td><td>主轴转速
（r/min）</td><td>进给速度
（mm/min）</td><td>背吃刀量
（mm）</td><td>备注</td></tr>
<tr><td></td><td colspan="2"></td><td></td><td></td><td></td><td></td><td></td></tr>
<tr><td></td><td colspan="2"></td><td></td><td></td><td></td><td></td><td></td></tr>
<tr><td></td><td colspan="2"></td><td></td><td></td><td></td><td></td><td></td></tr>
<tr><td></td><td colspan="2"></td><td></td><td></td><td></td><td></td><td></td></tr>
<tr><td></td><td colspan="2"></td><td></td><td></td><td></td><td></td><td></td></tr>
<tr><td></td><td colspan="2"></td><td></td><td></td><td></td><td></td><td></td></tr>
<tr><td></td><td colspan="2"></td><td></td><td></td><td></td><td></td><td></td></tr>
<tr><td></td><td colspan="2"></td><td></td><td></td><td></td><td></td><td></td></tr>
<tr><td>编制</td><td></td><td>审核</td><td></td><td>批准</td><td></td><td>共　页</td><td>第　页</td></tr>
</table>

学习活动 2　程序编制与模拟加工

学习目标

1. 能正确运用螺旋线插补指令 G02、G03。

2. 能编制凸轮槽加工程序。

3. 能熟练应用数控仿真软件模拟凸轮槽的加工，并能完善凸轮槽的加工程序。

建议学时　8 学时

学习过程

一、指令学习

1. 螺旋线插补指令

如下图所示，螺旋线是由平面中的回转运动和与平面垂直的直线运动所组成，螺旋线插补由 G02/G03 指令实现，其指令格式如下所示，试解释指令中各参数的含义。

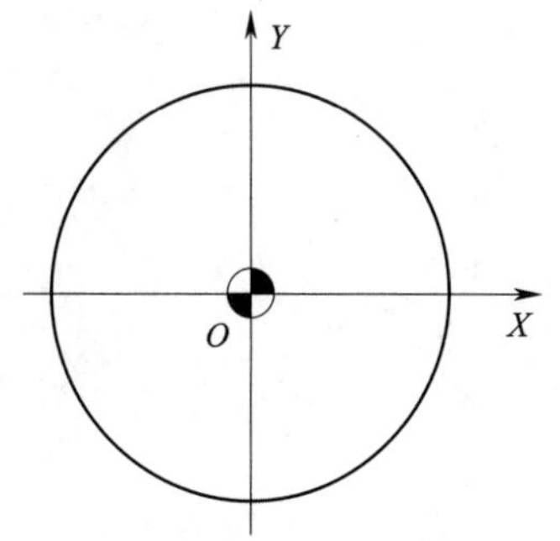

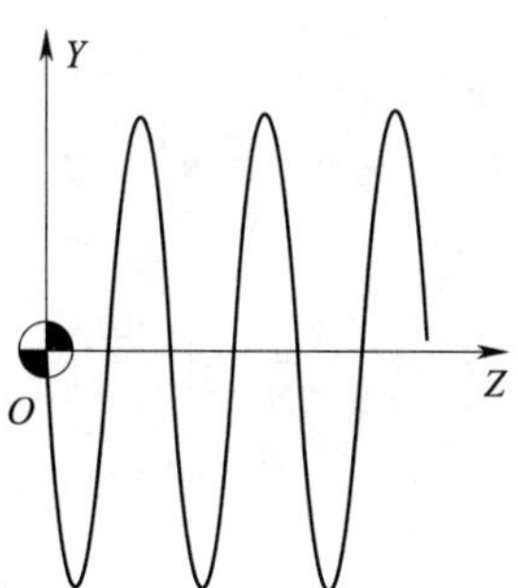

螺旋线

格式一：

$$G17\left\{\begin{array}{l}G02\\G03\end{array}\right\}X\_\_Y\_\_\left\{\begin{array}{l}I\_\_J\_\_\\R\_\_\end{array}\right\}Z\_\_F\_\_;$$

G17：

X__Y__：

Z__：

格式二：

$$G18\left\{\begin{array}{l}G02\\G03\end{array}\right\}X\_\_Z\_\_\left\{\begin{array}{l}I\_\_K\_\_\\R\_\_\end{array}\right\}Y\_\_F\_\_;$$

G18：

X__Z__：

Y__：

格式三：

$$G19\left\{\begin{array}{l}G02\\G03\end{array}\right\}Y\_\_Z\_\_\left\{\begin{array}{l}J\_\_K\_\_\\R\_\_\end{array}\right\}X\_\_F\_\_;$$

G19：

Y __ Z __：

X__：

2．示例

如下图所示，已知圆弧的起点为（0，-25，0），终点为（25，0，22），试编制螺旋线指令程序。

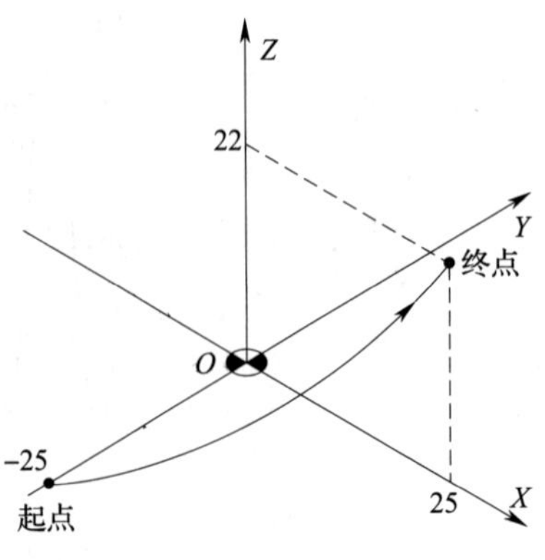

螺旋线指令示例

二、编制加工程序

1. 凸轮槽加工程序

凸轮槽加工程序

程序	注释

2. ϕ10 mm 孔加工程序

ϕ10 mm 孔加工程序

程序	注释

3. 3.774 mm 槽加工程序

3.774 mm 槽加工程序

程序	注释

续表

程序	注释

三、模拟加工

1. 机床准备

（1）选择机床。

（2）启动机床。

（3）机床各轴回机床参考点。

（4）输入数控程序并校验。

2. 安装工件

（1）按照毛坯实际大小设定毛坯尺寸。

（2）选择夹具。

（3）放置零件并安装。

3. 设定刀具

设定即将使用的所有刀具，分别将参数输入到数控仿真软件刀具库中。

4. 对刀

(1) *X*、*Y* 轴对刀

安装基准工具，以下图所示编程原点进行 *X*、*Y* 轴对刀。

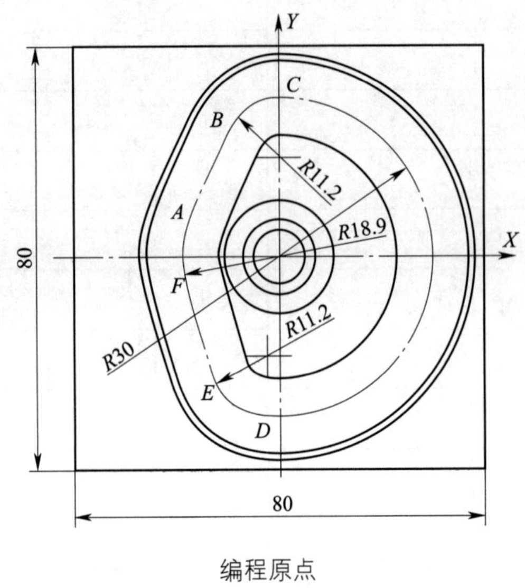

编程原点

(2) *Z* 轴对刀

将基准工具卸下，换上加工刀具，以零件上表面为编程原点进行 *Z* 轴对刀。

(3) 对刀完毕后，使用 MDI 功能进行刀具位置校验，观察其是否符合要求。若符合要求，进行下一步操作，若不符合要求，找出并记录错误原因。

5. 模拟加工

（1）调用凸轮槽加工程序，通过改变刀补的方法实现凸轮槽及凸轮槽外轮廓粗、精加工。加工过程中，仔细观察是否出现程序编制错误、撞刀、过切、欠切、切削深度过大等报警信息的提示。若有，查找报警信息原因，修改加工程序。修改无误后再进行模拟加工。记录报警信息，并分析报警原因。

报警信息

报警信息	原因分析

（2）仔细观察加工路径是否符合零件图样要求。若符合要求，进行 ϕ10 mm 孔和 3.774 mm 槽的加工。若不符合要求，仔细查看加工程序，找出并记录问题原因，然后修改程序。修改无误后，再进行 ϕ10 mm 孔和 3.774 mm 槽的模拟加工。

出现问题

问题	原因分析

四、模拟检测

1. 使用仿真软件的测量功能检验零件尺寸，填入下表，并判断尺寸是否合格。

凸轮槽模拟检测记录表

序号	技术要求	检测结果	结论
1	$14_{+0.3}^{+0.5}$ mm		
2	（4 ±0. 1） mm		
3	4 mm		
4	3. 774 mm		
5	1 mm		
6	ϕ10 mm		
7	ϕ14 mm		
8	10 mm		
9	R11. 2 mm		
10	R18. 9 mm		
11	R30 mm		
凸轮槽检测结论			

2. 根据凸轮槽检测结果，修改不合格尺寸的加工程序。记录修改的内容。

学习活动3　凸轮槽的加工与检测

学习目标

1. 能根据现场条件，查阅相关资料，确定符合加工技术要求的工、量、夹具和辅件。

2. 能按图样要求，测量毛坯外形尺寸，判断毛坯是否有足够的加工余量。

3. 能正确选择本次任务要用的切削液。

4. 能正确装夹工件，并对其进行找正。

5. 能正确规范地装夹数控铣刀，并能正确进行数控铣刀的对刀。

6. 能根据加工要求，正确操作数控铣床，完成凸轮槽的加工。

7. 能严格按照车间管理规定，正确规范地保养数控铣床。

8. 能按产品工艺流程和车间要求，进行产品交接并规范填写交接班记录。

9. 能完成凸轮槽的检测，并根据检测结果分析误差产生的原因。

建议学时　12学时

学习过程

一、加工准备

1. 领取工、量、刃具

领取工、量、刃具，并填写工、量、刃具清单。

工、量、刃具清单

序号	名称	规格	数量	备注
1				
2				
3				
4				
5				
6				
7				
8				
9				
10				

2. 领取毛坯料

领取毛坯料，并测量毛坯外形尺寸，判断毛坯是否有足够的加工余量。记录测量结果。

3. 选择切削液

根据加工对象及所用刀具，选择本次加工所用切削液，并记录切削液名称。

二、加工过程

1. 机床准备

（1）启动机床。

（2）机床各轴回机床参考点。

（3）输入数控加工程序并校验。

2. 安装工件

毛坯尺寸为 80 mm×80 mm×20 mm，尺寸较小，并且毛坯件各面是已加工面，故选用__________装夹工件。装夹工件时，用__________进行找正。

3. 装夹刀具

正确装夹数控铣刀，确保刀具牢固可靠。

4. 对刀

测量所选用刀具的长度并记录。将第一把刀作为基准刀进行对刀。通过试切法将工件坐标系相对于机床坐标系的 X、Y、Z 坐标值输入到 G54 相应的参数中。根据加工内容和所用刀具，将其他刀具与基准刀的长度差值输入到相应的参数中。

5. 输入刀具半径补偿值

采用凸轮槽加工程序，通过改变刀补的方法实现凸轮槽及凸轮槽外轮廓粗、精加工。首先用 ϕ ______mm 键槽铣刀，刀具半径补偿值为______（采用 G41 进行刀具半径补偿），粗加工凸轮槽；然后用 ϕ ______mm 键槽铣刀粗加工外形，刀具半径补偿值为______mm，留 0.1 mm 精加工余量；最后用 ϕ ______mm 键槽铣刀进行精加工，刀具半径补偿值分别为______mm 和______mm 加工中间岛屿凸轮轮廓，______mm 和______mm 加工内腔凸轮轮廓，______mm 加工凸轮外轮廓。

6. 加工

（1）转入自动加工模式，将 G54 参数中的 Z 值增大 50 mm，空运行加工程序，验证凸轮槽加工程序是否正确。若轨迹正确，将 G54 参数中的 Z 值改为原值，进行下一步操作。若不正确，对照凸轮槽图样仔细检查加工程序对错，修改无误后，进行下一步操作。分析并记录程序出错原因。

（2）采用单段方式对工件进行试切加工，并在加工过程中密切观察加工状态，如有异常现象应及时停机检查。分析并记录异常原因。

(3) 凸轮槽及其外轮廓加工完毕后，检测零件加工尺寸是否符合图样要求。若合格，将工件卸下，进行 ϕ10 mm 孔和 3. 774 mm 槽的加工。若不合格，根据加工余量情况，确定是否进行修整加工。能修整的进行调整加工至图样要求。不能修整的，应详细分析、记录报废的原因并给出修改措施。

(4) 最后，用 ϕ ______ mm 铣刀加工 ϕ10 mm 的孔，用 ϕ ______ mm 铣刀加工 3. 774 mm 槽，采用螺旋线插补的方法。

(5) 加工完毕后，检测零件加工尺寸是否符合图样要求。若合格，将工件卸下。若不合格，根据加工余量情况，确定是否进行修整加工。能修整的进行修整加工至图样要求。不能修整的，应详细分析、记录报废的原因并给出修改措施。

7. 根据零件加工路径，估算零件加工时间，并跟实际用时相比较。

8．机床保养、清理场地

加工完毕后，按照图样要求进行自检，正确放置零件，并进行产品交接确认；按照国家环保相关规定和车间要求整理现场，清扫切屑，保养机床，并正确处置废油液等废弃物；按车间规定填写交接班记录（附表 1）和设备日常保养记录卡（附表 2）。

三、检测与质量分析

1．领取检测用工、量具

填写检测凸轮槽所需的工、量具。

检测用工、量具

序号	名称	规格（精度）	检测内容	备注

2．凸轮槽成品检测

检测凸轮槽成品，并将检测结果填写在下表中。

凸轮槽检测记录表

序号	技术要求	检测结果	结论
1	$14^{+0.5}_{+0.3}$ mm		
2	(4 ±0.1) mm		
3	4 mm		
4	3.774 mm		
5	1 mm		

续表

序号	技术要求	检测结果	结论
6	ϕ10 mm		
7	ϕ14 mm		
8	10 mm		
9	*R*11.2 mm		
10	*R*18.9 mm		
11	*R*30 mm		
12	圆弧连接光滑		
13	*Ra*3.2 μm		
凸轮槽检测结论			

3. 不合格产品原因分析

归纳加工凸轮槽时产生废品的原因及预防方法。

加工凸轮槽时产生废品的原因及预防方法

废品种类	产生原因	预防方法
尺寸超差		
圆弧半径超差		

学习活动 4　工作总结与评价

学习目标

1. 能按分组情况，分别派代表展示工作成果，说明本次任务的完成情况，并作分析总结。

2. 能结合自身任务完成情况，正确规范地撰写工作总结（心得体会）。

3. 能就本次任务中出现的问题提出改进措施。

4. 能对学习与工作进行反思总结，并能与他人开展良好合作，进行有效的沟通。

建议学时　4 学时

学习过程

一、个人评价

按下表评分标准进行个人评价。

个人综合评价表

项目	序号	技术要求	配分	评分标准	得分
机床操作（20%）	1	正确开启机床、检查	4	不正确、不合理无分	
	2	机床返回参考点	4	不正确、不合理无分	
	3	程序的输入及修改	4	不正确、不合理无分	
	4	程序空运行轨迹检查	4	不正确、不合理无分	
	5	对刀的方式、方法	4	不正确、不合理无分	

续表

项目	序号	技术要求	配分	评分标准	得分
程序与工艺（20%）	6	程序格式规范	5	不合格每处扣2分	
	7	程序正确、完整	10	不合格每处扣3分	
	8	工艺合理	5	不合格每处扣2分	
模拟加工（10%）	9	正确应用数控仿真软件验证加工程序	10	出现一次错误操作扣5分	
零件质量（40%）	10	$14^{+0.5}_{+0.3}$ mm	3	超差不得分	
	11	（4±0.1）mm	3	超差不得分	
	12	4 mm	3	不合格不得分	
	13	3.774 mm	3	不合格不得分	
	14	1 mm	3	不合格不得分	
	15	ϕ10 mm	3	不合格不得分	
	16	ϕ14 mm	3	不合格不得分	
	17	10 mm	3	不合格不得分	
	18	R11.2 mm	3	不合格不得分	
	19	R18.9 mm	3	不合格不得分	
	20	R30 mm	3	不合格不得分	
	21	圆弧连接光滑	3	不合格不得分	
	22	Ra3.2 μm	4	降级不得分	
安全文明生产（10%）	23	安全操作	5	不按安全操作规程操作全扣	
	24	机床清理	5	不合格全扣	
总　得　分					

二、小组评价

把个人加工好的凸轮槽零件先进行分组展示，再由小组推荐代表作必要的介绍。在展示的过程中，以小组为单位进行评价；评价完成后，根据其他小组成员对本组展示成果的评价意见进行归纳总结。完成如下项目：

（1）展示的凸轮槽符合技术标准吗？

很好□　　一般□　　不准确□

（2）本小组介绍成果表达是否清晰？

很好□　　一般，常补充□　　不清晰□

(3) 本小组演示的凸轮槽加工方法操作正确吗?

正确□　　部分正确□　　不正确□

(4) 本小组演示操作时遵循了“6S”的工作要求吗?

符合工作要求□　　忽略了部分要求□　　完全没有遵循□

(5) 本小组的检测量具、量仪保养完好吗?

良好□　　一般□　　不符合要求□

(6) 本小组的成员团队创新精神如何?

良好□　　一般□　　不足□

三、教师评价

教师对展示的作品分别作评价。

1. 找出各组的优点进行点评。

2. 对展示过程中各组的缺点进行点评，提出改进方法。

3. 对整个任务完成中出现的亮点和不足进行点评。

四、总结提升

1. 计算你所加工凸轮槽的成本，包括材料、工时、工具及设备损耗，并调研其市场价格，两者的差价是多少?

2. 结合自身任务完成情况，撰写本次任务的工作总结（心得体会）。

工作总结（心得体会）

评价与分析

学习任务五评价表

<table>
<tr><td>班级</td><td colspan="2"></td><td>姓名</td><td colspan="2"></td><td colspan="2">学号</td><td></td><td></td></tr>
<tr><td rowspan="3">项目</td><td colspan="3">自我评价</td><td colspan="3">小组评价</td><td colspan="3">教师评价</td></tr>
<tr><td>10 ~ 9</td><td>8 ~ 6</td><td>5 ~ 1</td><td>10 ~ 9</td><td>8 ~ 6</td><td>5 ~ 1</td><td>10 ~ 9</td><td>8 ~ 6</td><td>5 ~ 1</td></tr>
<tr><td colspan="3">占总评 10%</td><td colspan="3">占总评 30%</td><td colspan="3">占总评 60%</td></tr>
<tr><td>学习活动 1</td><td></td><td></td><td></td><td></td><td></td><td></td><td></td><td></td><td></td></tr>
<tr><td>学习活动 2</td><td></td><td></td><td></td><td></td><td></td><td></td><td></td><td></td><td></td></tr>
<tr><td>学习活动 3</td><td></td><td></td><td></td><td></td><td></td><td></td><td></td><td></td><td></td></tr>
<tr><td>学习活动 4</td><td></td><td></td><td></td><td></td><td></td><td></td><td></td><td></td><td></td></tr>
<tr><td>表达能力</td><td></td><td></td><td></td><td></td><td></td><td></td><td></td><td></td><td></td></tr>
<tr><td>协作精神</td><td></td><td></td><td></td><td></td><td></td><td></td><td></td><td></td><td></td></tr>
<tr><td>纪律观念</td><td></td><td></td><td></td><td></td><td></td><td></td><td></td><td></td><td></td></tr>
<tr><td>工作态度</td><td></td><td></td><td></td><td></td><td></td><td></td><td></td><td></td><td></td></tr>
<tr><td>分析能力</td><td></td><td></td><td></td><td></td><td></td><td></td><td></td><td></td><td></td></tr>
<tr><td>任务总体表现</td><td></td><td></td><td></td><td></td><td></td><td></td><td></td><td></td><td></td></tr>
<tr><td>小计分</td><td colspan="3"></td><td colspan="3"></td><td colspan="3"></td></tr>
<tr><td>总评分</td><td colspan="9"></td></tr>
</table>

任课教师：________ 年 月 日

附　　录

附表1

交接班记录

设备名称：　　　　　　设备编号：　　　　　　使用班组：

<table>
<tr><td>项目</td><td>交接机床</td><td colspan="3">交接工、量、刃具</td><td>交接图样</td><td>交接材料</td><td>交接成品件</td><td>交接半成品件</td><td>工艺技术交流</td></tr>
<tr><td>数量、使用情况（交班人填）</td><td></td><td></td><td></td><td></td><td></td><td></td><td></td><td></td><td></td></tr>
<tr><td>交班人</td><td colspan="9"></td></tr>
<tr><td>接班人</td><td colspan="9"></td></tr>
<tr><td>日期</td><td colspan="9"></td></tr>
</table>

附表 2

设备日常保养记录卡

设备名称：　　　　设备编号：　　　　使用部门：　　　　保养年月：　　　　存档编码：

日期 / 保养内容	1	2	3	4	5	6	7	8	9	10	11	12	13	14	15	16	17	18	19	20	21	22	23	24	25	26	27	28	29	30	31
环境卫生																															
机身整洁																															
加油润滑																															
工具整齐																															
电器损坏																															
机械损坏																															
保养人																															
机械异常备注																															

审核人：　　　　　　　　　　　　年　月　日

注：保养后，用“√”表示日保；“△”表示周保；“○”表示月保；“Y”表示一级保养；“×”表示有损坏或异常现象，应在“机械异常备注”栏给予记录。